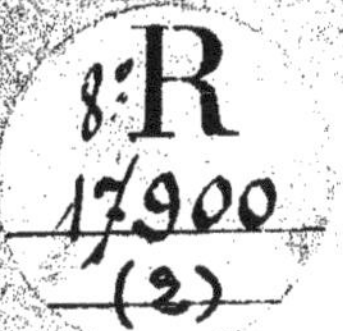
8:R
17900
(2)

ALBERT DE ROCHAS

DÉPOT LÉGAL
84
904

LES FRONTIÈRES

DE

LA SCIENCE

AF473632

2e SÉRIE

Lettre ouverte à M. Jules Bois.
Les localisations cérébrales.
Les actions psychiques des contacts, des onctions et des émanations.
La lévitation du corps humain.

PARIS
LIBRAIRIE DES SCIENCES PSYCHOLOGIQUES
42, RUE SAINT-JACQUES, 42

1904

LES FRONTIÈRES
DE
LA SCIENCE

BIBLIOTHÈQUE NATIONALE R.F. IMPRIMÉS

8° R
17900

La connaissance humaine est pareille à une sphère qui grossirait sans cesse; à mesure qu'augmente son volume, grandit le nombre de ses points de contact avec l'inconnu.

PASCAL.

ALBERT DE ROCHAS

LES FRONTIÈRES DE LA SCIENCE

BIBLIOTHÈQUE NATIONALE
RF
IMPRIMÉS

2e SÉRIE

Lettre ouverte à M. Jules Bois.
Les localisations cérébrales.
Les actions psychiques des contacts, des onctions et des émanations.
La lévitation du corps humain.

PARIS
LIBRAIRIE DES SCIENCES PSYCHOLOGIQUES
42, RUE SAINT-JACQUES, 42

1904

LES

FRONTIÈRES DE LA SCIENCE

LETTRE OUVERTE A M. JULES BOIS

L'Agnélas, 24 août 1901.

Cher monsieur,

Vous m'avez fait l'honneur de me demander, pour le *Matin*, à votre retour de l'Inde, un exposé de l'état actuel de la science psychique en Europe, en distinguant ce qui était certain de ce qui était douteux.

Je vais essayer de satisfaire votre désir ; mais, en ces matières délicates, il serait outrecuidant de porter un jugement définitif sur des phénomènes qu'on n'a pu étudier soi-même aussi souvent et aussi longtemps qu'il serait nécessaire. Je me bornerai donc à vous donner, sur un certain nombre de faits, mon opinion *actuelle*, dont le principal mérite est de s'être formée avec une complète indépendance d'esprit (1).

SUGGESTION

Tout le monde admet aujourd'hui la réalité de la *suggestion orale*. Il est établi qu'en parlant à certaines personnes, mises en état de réceptivité par des circonstances fortuites ou des manœuvres volontaires, on détermine chez ces personnes des impulsions auxquelles il leur est très difficile de résister. On est généralement d'accord (et c'est là mon opinion basée sur de très nombreuses expériences) que la suggestion ne peut *prendre* que si le sujet s'y prête ; elle reste presque toujours inefficace si elle choque des instincts ou des résolutions bien arrêtées. Elle n'en reste pas moins une arme très dangereuse entre les mains de qui saurait tourner la difficulté.

La suggestion est capable de déterminer non seulement des effets moraux, mais des effets physiques, notamment sur des nerfs sensitifs et moteurs et sur la circulation sanguine.

---

1. Le *Matin* n'a publié que la première partie de cette lettre et s'est arrêté à la Lévitation. M. Jules Bois n'a même pas cru pouvoir insérer cette première partie dans le volume où il a réuni les éléments de son enquête.

Fig. 1. — Menuet (Suggestion musicale).

Comme la suggestion faite dans un but thérapeutique est toujours acceptée avec empressement par le sujet, on conçoit qu'elle arrive à produire des guérisons en apparence miraculeuses.

La *suggestion mentale*, c'est-à-dire simplement pensée et non formulée par la parole, se produit bien plus rarement, mais beaucoup de barnums l'imitent à l'aide de différents trucs. C'est ce qui résulte d'une enquête que nous avons faite, quelques amis et moi, à l'aide de plusieurs des *liseuses de pensées* qu'on avait admirées à l'Exposition de 1900 (1).

Ces trucs sont toujours basés sur l'emploi de langages conventionnels par mots ou gestes. Ils sont destinés à aider, ou même remplacer complètement des facultés plus ou moins développées qui ne sauraient résister à la fatigue des longues séances imposées par l'exercice du métier. La plupart des sensitifs de cette espèce sont aptes à percevoir l'action du barnum concentrant fortement sa pensée, mais sans éprouver autre chose qu'un sentiment d'attraction ou de répulsion qu'on utilise, par une éducation convenable, pour faire exécuter une série de mouvements concourant à un but fixé à

1. Le petit comité qui s'est réuni à cet effet à l'École polytechnique comprenait S. A. R. le prince Henri d'Orléans, le chanoine Brettes, Camille Flammarion, les Drs Oudin, Dariex et Maréchal, M. Gabriel Delanne, le baron de Watteville, M. Marcel Mangin et moi.

FIG. 2. — *Ange pur, ange radieux!* (opéra de FAUST par Gounod). — Suggestion musicale.

l'avance. Cependant il y a quelques natures exceptionnellement douées qui peuvent lire dans le cerveau d'autrui comme dans un livre. Les personnes que ces questions intéressent en trouveront un exposé plus complet dans trois articles que j'ai publiés dans le *Cosmos* sous le titre : *L'extériorisation de la pensée.*

La *suggestion musicale*, c'est-à-dire l'éveil des sentiments déterminés à l'aide de phrases musicales et leur expression automatique par des gestes, n'a encore été étudiée qu'avec Lina (1). Mes conclusions ne sont donc point appuyées d'expériences assez nombreuses et assez variées pour être adoptées sans réserves, mais je dois dire que, depuis la publication de mon livre sur LES SENTIMENTS, LA MUSIQUE ET LE GESTE (2), et divers articles parus dans l'ART AU THÉATRE et LA FRONDE, j'ai reçu des lettres me prouvant que les sensitifs de cette espèce ne sont point aussi rares qu'on pourrait le supposer.

Je vous envoie ci-joint trois photographies de Lina donnant des exemples de suggestion musicale.

---

1. Depuis que cette lettre a été écrite, M. Em. Magnin a étudié, avec l'aide de son beau-frère M. Boissonnas le célèbre photographe de Genève, une jeune femme d'intelligence très cultivée, Mme Madeleine G., qui présente des facultés tout à fait analogues à celles de Lina. Ces messieurs, secondés par quelques amis musiciens, sont arrivés à obtenir près de 400 clichés correspondant à des suggestions musicales ou orales différentes qu'ils se proposent de publier.

2. Grenoble. *Librairie dauphinoise*, in-4° de 348 pages et 350 gravures en couleur, tiré à 1.100 exemplaires numérotés. Prix, 30 francs.

L'EXTÉRIORISATION DE LA SENSIBILITÉ

L'extériorisation de la sensibilité est un phénomène assez difficile à expliquer en peu de mots. Il consiste essentiellement en ceci que certaines personnes perçoivent les actions mécaniques exercées à quelque distance de leur corps, comme si on les avait exercées sur leur corps même. Les choses se passent comme si ces personnes émettaient des radiations jouant à l'extérieur le même rôle que les nerfs sensitifs jouent à l'intérieur.

Ces radiations ont de plus la propriété de se condenser, pour ainsi dire, dans certaines substances qui deviennent elles-mêmes alors des corps radiants, de telle sorte que si on exerce des actions mécaniques dans leur sphère d'activité, ces actions peuvent se transmettre jusqu'à la personne sensitive — quand la distance n'est pas trop grande.

L'extériorisation de la sensibilité avait été constatée par quelques-uns des anciens magnétiseurs, mais on ne s'était pas rendu compte de son processus. Bien que les faits soient aujourd'hui établis d'une façon indiscutable par divers expérimentateurs, la science officielle hésite encore à les admettre parce qu'ils contredisent les théories enseignées relativement au rôle des nsenerfssitifs ; elle oublie ce que dit Claude-

Bernard : « Une découverte est, en général, un rapport imprévu et qui ne se trouve pas compris dans la théorie, car, sans cela, il serait prévu... Il faut garder sa liberté d'esprit et croire que, dans la nature, l'absurde suivant nos théories n'est pas toujours impossible. »

Certains sujets disent voir, comme des nébulosités plus ou moins brillantes, les effluves sensibles. On a exposé dans la salle des dépêches du *Matin* deux photographies instantanées de Lina prises à la lumière de magnésium par M. Gheuzi, directeur de la *Nouvelle Revue*, chez M. Gailhard, directeur de l'Opéra, pendant qu'elle dansait une habanera chantée par Mlle Calvé et accompagnée par M. Paul Vidal. Les traînées lumineuses qu'on y aperçoit très nettement seraient-elles dues aux émanations de Lina, alors fortement extériorisée et *exaltée* par cette admirable musique ? C'est ce qu'il est difficile d'affirmer, car l'expérience n'a pas été refaite dans les mêmes conditions.

L'EXTÉRIORISATION DE LA MOTRICITÉ ET LES TABLES TOURNANTES.

Quelques sujets, fort rares, parviennent à remuer les objets rapprochés, mais *sans contact*, par un simple effort de leur volonté. Les expériences faites notamment avec Daniel D. Home et Eusapia Paladino permettent d'autant moins le

Fig. 3 et 4. — Extériorisation de Lina.

doute à cet égard qu'ici il ne s'agit plus comme dans l'extériorisation de la sensibilité d'une impression ressentie par le sujet seul mais d'un phénomène visible et contrôlable par tous les spectateurs.

Tant que les mouvements n'ont pas été obtenus sans contact, on était en droit de les expliquer par la théorie des mouvements inconscients. Aujourd'hui, cette théorie ne peut plus être considérée comme suffisante et il est clair que, dans le cas des *tables tournantes*, il intervient souvent une force encore non définie.

LA TÉLÉPATHIE ET L'ENVOUTEMENT

Les notions sommaires que je viens d'exposer relativement à l'extériorisation de la sensibilité et de la motricité suffisent à faire comprendre comment cette force mal connue peut, dans des cas exceptionnellement favorables, produire chez une personne la répercussion d'une émotion violente éprouvée à distance par une autre personne, ou d'une action mécanique exercée également à distance sur un objet préalablement mis en rapport avec cette personne. C'est ce qui constitue la *télépathie* et l'*envoûtement* dont la réalité est historiquement prouvée, au moins dans une certaine mesure.

LA VUE DES ORGANES INTÉRIEURS, L'INSTINCT DES REMÈDES ET LA VUE A DISTANCE

Ces trois phénomènes ont été assez fréquemment observés, surtout dans la première moitié du dix-neuvième siècle, par des hommes de haute valeur tels que le marquis *de Puységur*, le capitaine d'artillerie *Tardy de Montravel*, le général de division du Génie *Noizet*, *Deleuze*, administrateur du Museum, le Dr *Bertrand*, ancien élève de l'École polytechnique, le Dr *Charpignon*, etc. Aujourd'hui on les rencontre beaucoup plus rarement, soit qu'on mette moins de soin à les rechercher et à les développer, soit que les facultés des sensitifs varient suivant les époques, ce qui ne devrait point nous étonner outre mesure, les conditions de l'ambiance se modifiant perpétuellement.

En tout cas, pour ma part, je n'ai rien pu trouver de convaincant.

Presque tous les sujets qui présentaient l'extériorisation de la sensibilité disaient bien *voir l'intérieur du corps humain* grâce à leur main qu'ils approchaient plus ou moins, de façon à voir plus ou moins profondément ; ce qui fait supposer qu'ils voyaient par leurs couches sensibles extériorisées. A l'aide de cette manœuvre, ils comparaient leurs propres organes à ceux de la personne qu'ils examinaient et diagnostiquaient ainsi les maladies. Leurs affirmations étaient très nettes et assez vraisemblables ; aussi je crois qu'ils étaient de bonne foi, d'autant plus que jamais, malgré mes invitations réitérées, aucun d'eux n'a prétendu posséder l'instinct des remèdes.

Quant à la vue à distance, je l'ai obtenue d'une façon extraordinaire, avec l'un de ces sujets Mme Lambert. Pendant plus de six mois, étant endormie magnétiquement, elle a vu, dans tous les détails de sa vie, un ingénieur que nous ne connaissions ni l'un ni l'autre et qui, ayant quitté sa famille à la suite de grands revers de fortune, n'avait jamais donné de ses nouvelles. A l'aide d'un objet lui ayant appartenu, et que je mis entre les mains de Mme Lambert, elle le retrouva dans l'Amérique du Sud, me donna les noms des villes et des hôtels où il séjourna successivement en les lisant dans les gares ou sur les enseignes, et elle m'indiqua les titres des journaux qu'elle voyait entre ses mains. Je vérifiai que ces villes, ces hôtels, ces journaux, dont elle n'avait pas la moindre idée quand elle était éveillée, existaient réellement, mais quant au personnage lui-même, des informations prises auprès de notre consul à La Paz, capitale de la Bolivie, où il était censé faire construire une usine, nous prouvèrent qu'il n'y avait jamais mis les pieds. Nous n'avions donc eu ici qu'une série de rêves se suivant avec une logique parfaite et présentant, avec un fond imaginaire, des détails exacts dont il est fort difficile d'expliquer la provenance.

LA LÉVITATION

De même que pour la télépathie, il y a des observations très nombreuses prouvant historiquement la réalité de la lévitation. Ce phénomène consiste dans la diminution du poids des corps bruts ou animés, diminution pouvant aller jusqu'au flottement dans l'air.

J'en ai été témoin, en 1896, avec Eusapia Paladino qui, chez moi et au cours d'une séance expérimentale, a été, étant assise sur une chaise, soulevée avec sa chaise, d'un mouvement continu, à peu près jusqu'au niveau d'une table voisine, puis portée sur cette table. Le procès-verbal du fait a été dressé et signé par MM. Sabatier, doyen de la faculté des sciences de Montpellier, Dr Dariex, directeur des *Annales des sciences psychiques*, Maxwell, substitut du procureur général à Limoges, comte Arnaud de Gramont, docteur ès-sciences, baron de Watteville, licencié ès-sciences et en droit.

Le même phénomène vient de se reproduire au *Circolo scientifico Minerva* dans des conditions presqu'identiques, et M. François Porro, ancien directeur de l'observatoire astronomique de Turin, actuellement professeur d'astronomie à la faculté de Gênes, en a publié un compte rendu détaillé.

Il résulte de la comparaison attentive des

différents cas observés que l'on peut souvent, *mais pas toujours*, expliquer la lévitation par la simple action d'une force prenant naissance de l'organisme humain et agissant en sens inverse de la pesanteur.

MATÉRIALISATIONS ET FANTOMES.

Depuis quelques années, on rapporte beaucoup de cas où l'on voit se former spontanément, sous l'œil des spectateurs, des objets inanimés et même des êtres animés dont on peut constater l'existence à l'aide des sens ordinaires et dont la matière semble empruntée en grande partie à des médiums spécialement organisés pour la production de ce genre de phénomènes.

On désigne sous le nom d'*apports* les objets inanimés ainsi produits et ces objets peuvent subsister très longtemps.

Les corps ou parties de corps humain dus à la même cause sont appelés *matérialisations*. Ces matérialisations n'ont qu'une durée très courte ; elles se dissipent comme elles se sont formées.

Au cours des nombreuses séances que j'ai eues avec Eusapia, j'ai assisté à quelques apports, mais dans des conditions qui ne m'ont point apporté de conviction personnelle. Je suis très porté à croire à leur réalité en général, à cause de ceux qui l'ont affirmé ; c'est là tout.

Il n'en est pas de même pour les matérialisations. Si mes amis et moi, malgré tous nos efforts, nous n'avons pu arriver à être témoins de matérialisations complètes comme celles de Katie King observées par Sir William Crookes, nous avons eu du moins avec Eusapia les preuves absolues qu'elle était capable de projeter hors de son corps physique des membres plus ou moins matériels, tels que des mains qui vous saisissaient et des têtes qui s'imprimaient dans une substance molle. Le bas-relief représentant un profil et qui est exposé dans les vitrines du *Matin* a été obtenu en coulant du plâtre dans une empreinte produite sur du mastic de vitrier pendant que Camille Flammarion et deux autres personnes tenaient le médium à environ un mètre de distance.

C'est dans cet ordre de phénomènes qu'il faut chercher l'explication des fantômes dont les traditions populaires ne parleraient pas si souvent s'ils ne reposaient sur quelques faits réels.

LES ESPRITS.

De tous les médiums à matérialisation qui ont été étudiés, il n'en est certainement aucun d'aussi remarquable que mistress d'Espérance, tant pour l'étrangeté des phénomènes que pour la bonne foi et le talent avec lesquels le médium

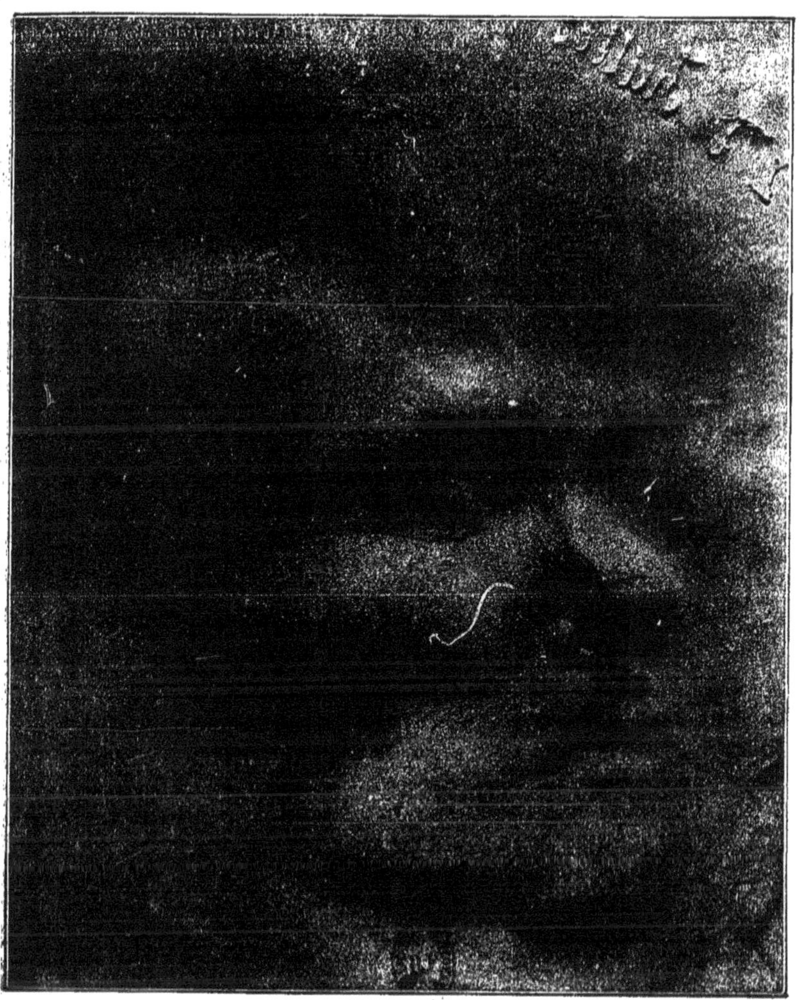

Fig. 5. — Empreinte produite à distance par Eusapia, en trance, sur du mastic de vitrier.

lui-même a décrit ses propres impressions au moment où ils se produisaient. Toute personne qui veut connaître l'état actuel de la science psychique doit lire son livre intitulé : *Voyage au pays de l'ombre.* On y verra que les corps des fantômes qui se forment par son intermédiaire sont reliés à son propre corps par des liens invisibles, grâce auxquels toutes les actions exercées sur ces fantômes sont ressenties par elle, mais qu'ils sont animés par un esprit complètement différent du sien.

Ceci nous conduit à aborder des sujets d'un autre ordre. Dans un des précédents articles de votre enquête sur l'Au-delà vous dites que je crois aux esprits. C'est vrai ; je suis persuadé qu'il y a, autour de nous, des êtres intelligents et invisibles qui peuvent quelquefois intervenir dans notre vie.

Qui sont ces esprits : des anges, des démons, des élémentaux, des âmes de morts ? je n'en sais rien ; mes lectures ne m'ont apporté aucune conviction absolue dans un sens ou dans l'autre, et j'ai toujours évité les expériences dans un ordre de phénomènes où l'on est exposé à déchaîner des forces dont on ne reste pas le maître.

RÉSUMÉ.

En résumé, les études de ces dernières années ont eu pour principal résultat d'établir, par des preuves historiques ou par des expériences directes, que les facultés actives et passives de l'homme pouvaient entrer en action en dehors de son corps matériel et visible, en constituant ce qu'on a appelé l'extériorisation de la sensibilité, l'extériorisation de la motricité, l'extériorisation de la forme et l'extériorisation de la pensée.

Ce sont là des faits bien acquis, et on est en droit de se demander pour quelles raisons la science officielle hésite à les accepter, étant données ses conceptions sur l'univers matériel où tout serait constitué par des modes divers de vibrations de l'éther.

En tout cas, ces faits prouvent l'existence d'émanations de natures diverses confondues généralement sous le nom de *Fluide magnétique*, et ils concordent avec les théories des Orientaux, des anciens philosophes de la Grèce et des premiers pères de l'Eglise sur le *corps fluidique* ou *âme* servant d'intermédiaire entre l'Esprit et le Corps.

Albert de Rochas.

LES LOCALISATIONS CÉRÉBRALES

Au milieu du XVIIIe siècle, un professeur de Fribourg-en-Brisgau, nommé Joseph Baader, publiait, sous le titre de *Observationes medicæ, incisionibus cadaverum anatomicis illustratæ*, un recueil d'observations faites à Vienne entre 1746 et 1750 (1). A la suite de son observation XXII, il écrivait les lignes suivantes qui contiennent en germe toute la doctrine officielle moderne relative aux localisations cérébrales :

« Si maintenant nous comparons avec soin aux lésions trouvées sur le cadavre les symptômes notés sur le vivant, nous pouvons en déduire trois conséquences utiles à la pratique médicale. D'abord que les éléments et l'action du cerveau subissent la décussation, en sorte que la sensibilité et la motilité d'un côté du

1. Ce traité, imprimé pour la première fois en 1762, a été réimprimé dans le tome III du *Thesaurus dissertationum* de Sandifort (Lugd. Batav..., 1778).

corps sont sous la dépendance de l'hémisphère cérébral opposé. Toujours, en effet, notre malade souffrit du côté droit de la tête, et de ce côté fut trouvé l'abcès, tandis que l'hyperesthésie et les convulsions ont toujours occupé le bras gauche... *En troisième lieu, il devient évident pour nous que, par de nombreuses observations recueillies avec soin et comparées attentivement entre elles, nous pourrions savoir et prévoir, pour le grand bénéfice des praticiens, quelle partie du cerveau donne à tel ou tel membre la sensibilité ou le mouvement ; en sorte que, connaissant le membre souffrant, on pourra déterminer quel point du cerveau est malade, et inversement, étant donnée une lésion déterminée du cerveau, prévoir quel membre doit être affecté.* Ainsi, chez notre malade, la douleur et l'abcès siégeaient sous le pariétal droit, et les convulsions occupaient le bras gauche. Or nous verrons plus loin un jeune homme paralysé et contracturé à droite, dans le cerveau duquel nous trouvâmes, sous le pariétal, deux tubercules de la dure-mère, et dans l'hémisphère gauche, au niveau des lobes moyen et antérieur, des hydatides, ou mieux des « phlegmasies », si je puis m'exprimer ainsi. *Peut-être, après comparaison semblable de plusieurs observations, pourrons-nous enfin conclure avec certitude que la région du cerveau qui siège sous le pariétal commande à la motilité et à la sensibilité du membre supérieur du côté opposé.* » (Traduit du *Thes. dissert.*, tome III, p. 29).

Quelques années plus tard, un jeune homme d'un esprit réfléchi et observateur, Joseph Gall (1), remarquait que plusieurs de ses compagnons d'étude, sur lesquels il l'emportait dans les compositions écrites, mais qui le dépassaient dans les examens où la mémoire jouait le premier rôle, possédaient un point commun de ressemblance : leurs yeux étaient gros et saillants.

Il pensa que cette particularité ne pouvait être attribuée au hasard et il en conclut que, si la mémoire se manifestait par des signes extérieurs, il devait en être de même des autres facultés. De recherches en recherches, il finit par constituer tout un système qu'il a exposé dans les volumes publiés successivement, de 1810 à 1820, sous le titre : *Anatomie et physiologie du système nerveux en général et du cerveau en particulier, avec des observations sur la possibilité de reconnaître les dispositions intellectuelles et morales par la configuration de la tête.* Ses idées, qu'il a reprises en 1826 dans un ouvrage en six volumes intitulé *Fonctions du cerveau*, furent commentées et légèrement modifiées successivement par Spurzheim (2), Combe (3) et Fossati (4).

---

1. Né en 1758, dans le grand-duché de Bade, mort en 1828 à Paris.
2. *Observations sur la Phrénologie*, 1818, 1 vol. in-18.
3. *Traité complet de Phrénologie*, traduit de l'anglais par le Dr Lebeau, 1844. 2 vol. in-8.
4. *Manuel pratique de Phrénologie*, 1845, 1 vol. in-18.

En 1841, le magnétiseur Lafontaine alla donner en Angleterre un certain nombre de séances expérimentales, au cours desquelles il montra les effets qu'on pouvait déterminer en agissant magnétiquement sur le cerveau des sujets.

« En magnétisant, dit-il (1), d'une certaine façon, telle ou telle partie du cerveau d'un somnambule, j'ai souvent obtenu le développement de tel ou tel sentiment : ainsi, en magnétisant la partie du cerveau où la phrénologie nous indique la vénération, j'ai toujours vu le sujet tomber à genoux et joindre les mains en les élevant vers le ciel et en ouvrant les yeux avec un sentiment de prière.

« De même, lorsque j'ai magnétisé telle autre partie du cerveau, comme celle où on nous indique la peur, la colère, la gaieté, la mélodie, j'ai toujours obtenu un succès complet dans l'expression de ces sentiments.

« J'entends déjà les magnétiseurs me dire : « Mais ce sont des transmissions de pensée. » Je répondrai : « Oui, ce sont, en effet, des transmissions de pensée, quand j'agis par exemple sur des sujets qui sont un peu clairvoyants ; mais lorsque j'agis sur des individus qui ne m'ont jamais donné l'ombre de la moindre lucidité et que j'obtiens les mêmes résultats, je suis obligé de chercher. Et de plus, quand pre-

---

1. *L'art de magnétiser*. Paris, 1852, p. 243.

nant deux sujets qui n'ont jamais rien vu et qui peuvent à peine répondre, quand, dis-je, j'agis simultanément sur les deux et sans penser à rien, en attaquant une partie du cerveau chez l'un et une autre partie chez l'autre, et que j'obtiens alors soit la gaieté sur l'un, soit la peur sur l'autre, je suis bien forcé de reconnaître qu'il y a là aussi comme un effet physique. »

A la suite de ces séances, de nombreuses expériences de même nature furent réalisées en Angleterre, notamment par Spencer Hall, magnétiseur anglais célèbre à cette époque : en opérant sur des sujets magnétisés, il déterminait, par la pression de son doigt sur les parties du cerveau indiquées par Gall comme le siège de certains sentiments, la manifestation de ces sentiments.

Braid, le chirurgien de Manchester que les écoles officielles d'hypnotisme ont adopté comme leur père, décrit ainsi, dans sa *Neurhypnologie*, les essais qu'il fit en 1842 :

« Mettez le patient dans l'état d'hypnotisme de la façon habituelle, étendez ses bras pendant une minute ou deux, puis replacez-les doucement sur les genoux et laissez-le dans le repos absolu pendant quelques minutes. Placez alors la pointe d'un ou deux doigts sur le centre de l'un des organes les plus développés et appuyez doucement ; s'il ne se produit pas de changement dans la physionomie ou de mouvement du corps, frictionnez légèrement ; puis demandez au sujet, d'une voix douce, à quoi il pense, ce qu'il aimerait, ce qu'il voudrait faire ou ce qu'il voit, selon la fonction de l'organe que vous mettez à l'épreuve ; réitérez les questions, la pression, le contact ou la friction de l'organe, jusqu'à ce que vous obteniez une réponse. Si le sujet est très apathique, une légère pression sur les globes oculaires peut être nécessaire pour le faire parler. Si la peau est trop sensible, il peut s'éveiller ; dans ce cas il faut essayer de nouveau, attendant un peu plus longtemps. S'il est trop apathique, essayez encore, en commençant les manipulations plus tôt.

« Il faut recommencer les opérations à de nombreuses reprises avec le même sujet en variant le moment du début des manipulations, car il est impossible de connaître *a priori* le moment précis où il faudrait commencer ; un grand nombre de cas les plus probants n'ont réussi qu'en partie ou ont échoué complètement à la première ou à la seconde épreuve. Quand l'instant est déterminé, il est plus facile de provoquer de nouvelles manipulations et les faits deviennent de plus en plus probants au fur et à mesure des épreuves. » (Pp. 129-130 de la traduction du Dr Simon.)

Voici quelques-uns des résultats qu'il a obtenus :

Une légère pression sur les *os du nez* fut immédiatement suivie d'éclats de rire immodérés qui cessèrent en même temps que le contact ; on obtenait des effets très curieux en faisant chanter au patient un air grave et solennel qui se transformait en éclats de rire dès qu'on le touchait de la manière indiquée, pour reprendre ensuite.

Si la pression était appliquée au *menton*, il y avait arrêt immédiat de la respiration avec soupirs et sanglots qui ne duraient que pendant le contact.

En touchant à la fois le nez et le menton, on avait un assemblage bizarre de rires et de pleurs.

La pression ou la friction de la *circonférence des orbites* produisait des spectres d'aspect brillant ou gai quand on opérait sur le bord supérieur, et d'aspect terrifiant quand on opérait sur le bord inférieur.

La pression sur l'organe du *son* produisait le désir de chanter. En pressant celui de la *combativité* on provoquait la colère ; en pressant celui de la *vénération* on amenait le désir d'être vertueux ou de prier, etc.

Braid a constaté également (p. 117) qu'en excitant les points *antagonistes* des hémisphères opposés, on peut provoquer des sensations différentes dans les deux côtés du corps ; si des facultés antagonistes sont excitées du *même* côté, *la plus forte des deux* sera seule en action. Il confirmait ainsi l'exactitude du quinzième aphorisme de Mayo dans son livre du *Nervous system and its functions*, où il dit : « Chaque moitié latérale d'un animal vertébré a une vitalité séparée, c'est-à-dire la conservation de la conscience, dont une moitié est indépendante de sa conservation dans l'autre. »

Tous ces phénomènes s'obtenaient chez les sujets très sensibles, non seulement par le contact,mais encore par l'*approche* d'une baguette, de verre par exemple.

Braid suppose que les idées déterminées chez le sujet, par les actions produites sur les centres cérébraux indiqués par Gall, sont dues à l'excitation des muscles qui sont ordinairement mis en jeu dans les actes accomplis sous l'empire de cette idée.

« En stimulant, dit-il, le muscle sterno-mastoïdien et produisant ainsi une inclinaison de la tête, on amène l'idée d'amitié et de poignées de main à se développer dans l'esprit ; quand le muscle trapèze est excité en même temps, l'inclinaison latérale plus évidente de la tête manifeste un penchant plus grand, c'est-à-dire l'adhésivité. La philogéniture, mettant en action les muscles droits et le muscle occipito-frontal, suggère le bercement et par conséquent le désir de bercer un enfant, etc. ; la pression sur le sommet du crâne, mettant en action tous les muscles nécessaires pour maintenir le corps dans la position droite, excite l'idée d'une fermeté inébranlable ; la vénération et la bienveillance, produisant la tendance à se baisser et à supprimer la respiration, créent ainsi les sentiments correspondants. Sous l'excitation des muscles de la mastication, l'idée de boire et de manger se manifeste ; de la même manière, une légère pression sur le bout du nez, en provoquant des inspirations, crée le désir de quelque chose à sentir ; si le point de contact se trouve à la joue, sous la cavité orbitaire et au-dessus du point d'émergence de la branche sous-orbitaire de la cinquième paire, la respiration se trouve oppressée et les émotions tristes sont éveillées : tandis qu'au-dessus de l'orbite où l'on stimule la branche sus-orbitaire de la même paire, des manifestations inverses ont lieu généralement.

Ces considérations sont fort ingénieuses — et elles sont vraies certainement pour quelques cas particuliers — mais on sent qu'elles sont inspirées à Braid surtout par le désir de ne point trop s'élancer dans l'inconnu.

On a prétendu que l'éminent observateur anglais avait, sur la fin de sa vie, renoncé à ses doctrines phrénologiques et reconnu que ses expériences avaient été entachées d'erreur par la suggestion. Je n'ai trouvé nulle part la preuve de cette assertion qui n'a, je crois, d'autre origine qu'une fausse interprétation du passage que nous venons de citer.

A peu près à la même époque, l'éminent naturaliste, sir Alfred Russel Vallace, depuis membre de la Société Royale et président de la Société d'Anthropologie, fit également dans cet ordre d'idées des expériences qu'il ne publia qu'en 1875 dans son livre *On miracles and modern spiritualism*.

« Mes premières expériences en quelques-unes des matières traitées en ce petit ouvrage datent, dit-il, de 1844, époque où j'enseignais dans un des collèges de l'un des comtés du Centre. M. Spencer Hall faisait alors des conférences sur le Mesmérisme, et il visita notre ville; plusieurs de mes élèves et moi allâmes l'entendre; nous fûmes tous grandement intéressés. Quelques-uns des garçons les plus âgés tentèrent de magnétiser un de leurs plus jeunes camarades et réussirent; moi-même, je trouvai que certains d'entre eux, sous mon influence, présentaient souvent de fort curieux phénomènes auxquels nous avions assisté à la conférence. Je fus extrêmement captivé par le sujet et le poursuivis avec ardeur, appliquant de nombreuses expériences à prévenir toute déception et à prouver la nature de l'influence. Beaucoup des détails de ces expériences sont encore gravés dans ma mémoire aussi vivement que s'ils dataient d'hier; je vais brièvement donner la substance de quelques-uns des plus remarquables.

« Je produisis l'état de trance sur deux ou trois garçons de douze à seize ans avec une grande facilité, et je pus toujours m'assurer de sa réalité, d'abord par le retournement de la prunelle dans l'orbite, de telle sorte que la pupille n'était pas visible lorsqu'on soulevait la paupière, puis par le caractéristique changement de contenance, enfin par la promptitude avec laquelle je pouvais déterminer catalepsie et perte de sensation dans quelque partie du corps que ce fût. Les plus remarquables observations durant cet état portèrent sur le phréno-mesmérisme et la sympathie sensitive.

« Plaçais-je mon doigt sur l'endroit de la tête correspondant à quelque organe phrénologique donné, la faculté correspondante se manifestait avec une perfection surprenante et même anormale. Pendant longtemps j'estimai que les effets produits sur le sujet avaient pour cause mon désir de voir se présenter telle manifestation particulière, mais je trouvai par accident que quand, par ignorance de la situation des organes, je plaçais mon doigt sur un endroit impropre, la manifestation qui s'ensuivait n'était point celle que j'attendais, mais celle qui convenait à la position touchée. Je m'attachai spécialement aux phénomènes de ce genre et, par des expériences faites dans l'isolement et le silence, je me persuadai complètement que les effets n'étaient point dus à la suggestion, c'est-à-dire à l'influence de ma propre pensée. J'achetai pour mon usage personnel un petit buste phrénologique. Aucun des garçons n'avait la moindre connaissance de la phrénologie, ni le moindre goût pour cette science ; pourtant, dès la première tentative, presque chaque fois que je touchais un organe, et cela dans n'importe quel ordre et en parfait silence, la manifestation correspondante se déclarait, trop saisissante pour être feinte, et la *représentation des diverses phases du sentiment humain s'offrit ainsi à moi, plus admirable que celle dont les plus grands acteurs sont capables de nous donner le spectacle.*

« La sympathie de sensation entre mon sujet et moi-même fut alors pour moi le phénomène le plus mystérieux que j'eusse jamais constaté. Je trouvai que, lorsque je tenais la main de mon sujet, il éprouvait exactement les mêmes sensations du toucher, du goût, de l'odorat, que j'éprouvais moi-même. Je formai une chaîne de plusieurs personnes ; à l'une des extrémités je plaçai le sujet, à l'autre moi-même. Lorsque, dans un silence parfait, j'étais pincé ou piqué, le sujet immédiatement portait sa main à la partie correspondante de son propre corps et se plaignait d'être pincé ou piqué aussi. Si je mettais dans ma bouche un morceau de sucre ou de sel, le sujet s'acquittait immédiatement de l'action de sucer et bientôt montrait, par gestes et paroles de la nature la plus expressive, qu'il éprouvait la même sensation que moi. » (pp. 166-169 de la traduction française.)

C'est en 1861 que l'on commença à préciser les localisations cérébrales en les étudiant, non plus seulement sur le crâne, mais sur le cerveau lui-même.

Pour être compris du lecteur, il est nécessaire de donner quelques détails sur la topographie du cerveau.

Je rappellerai d'abord que le cerveau se compose de deux hémisphères presque identi-

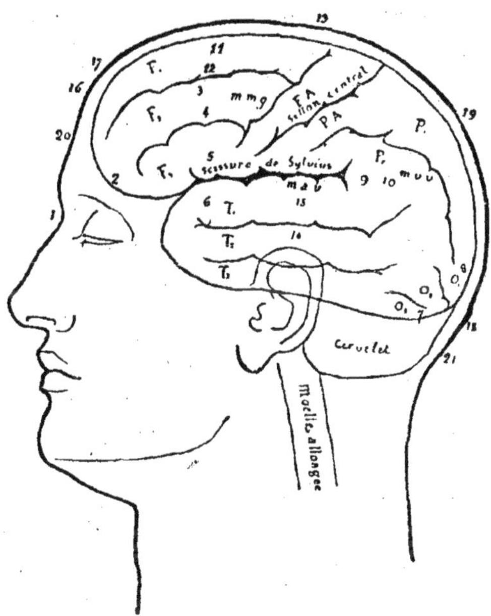

FIG. 6. — TOPOGRAPHIE DU CERVEAU.
Les circonvolutions cérébrales sont désignées par des lettres capitales.

ques en apparence et reliés entre eux par des fibres (*les fibres commissurantes*) destinées, suivant M. Luys, à assurer par *suppléance* le bon fonctionnement de notre machine. La nature prévoyante nous aurait donné deux cerveaux, comme elle nous a donné deux yeux, deux narines, deux oreilles, deux bras et deux jambes.

Dans chaque hémisphère on distingue : à l'extérieur, une mince couche d'une substance grise, la *couche corticale* , composée de trois ou quatre rangées de cellules ; à l'intérieur, une masse blanchâtre, la *substance blanche* constituée par des fibres nerveuses en rapport avec les cellules de la couche corticale. De ces fibres, les unes vont, comme nous l'avons dit, à l'autre lobe ; les autres aboutissent aux nerfs.

Les hémisphères sont creusés de nombreux et profonds sillons dont l'effet est d'augmenter la superficie de la couche corticale et qui permettent de diviser, un peu arbitrairement peut être, le cerveau en un certain nombre de *circonvolutions*.

On remarquera que chaque hémisphère est constitué par une espèce d'U courbé autour des fibres commissurantes dont nous avons parlé. L'intervalle entre les deux branches de l'U se manifeste, à l'extérieur du cerveau, par la *scissure de Sylvius*. Ces deux branches se subdivisent en quatre lobes, savoir :

Deux dans la branche supérieure : le **lobe frontal**, situé en avant et le **pariétal**, en arrière ; ces deux lobes sont séparés par un sillon profond appelé *sillon central* (ou *de Rolando*).

Deux dans la branche inférieure : le **lobe temporal** et le **lobe occipital** situés, comme

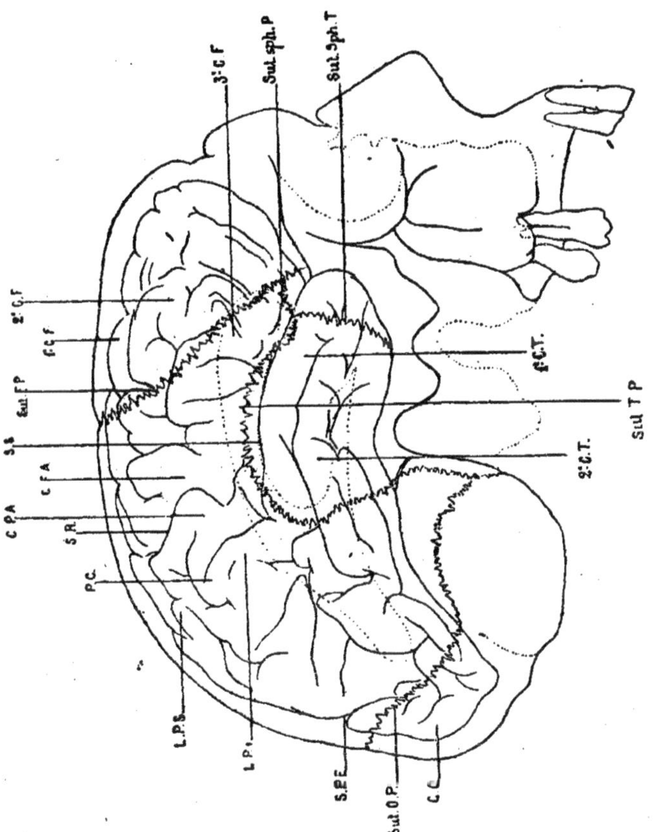

Fig. 7. — Correspondance entre les localisations cérébrales et les sutures du crane, d'après une épreuve radiographique publiée par le journal *La Radiographie* (sept. 1897).

leur nom l'indique, en regard de la tempe et de l'occiput, et dont la séparation est peu nette.

Chacun des lobes est subdivisé lui-même, par des plis plus ou moins profonds, en *circonvolutions*.

Dans le lobe frontal on en trouve trois, F_1, F_2, F_3, qui se greffent sur la circonvolution frontale ascendante (F A).

De l'autre côté du sillon central se trouve la pariétale ascendante (P A) sur laquelle se greffent, se dirigeant en arrière, les deux autres circonvolutions pariétales, P_1, P_2.

Sur la deuxième pariétale se greffent les trois circonvolutions temporales T_1, T_2, et T_3.

Enfin, les trois occipitales, O_1, O_2, O_3, vont se relier aux pariétales et aux temporales.

Cette topographie sommaire nous suffira pour des recherches qui manquent encore de précision (1).

---

1. La figure 7 montre comment les circonvolutions cérébrales sont disposées par rapport aux sutures du crâne. En voici la légende :

S. R. Scissure de Rolando. — S. S. Scissure de Sylvius. — C. F. A. Circonvolution frontale ascendante. — 1re C. F. Première circonvolution frontale. — 2e C. F. Deuxième circonvolution frontale. — 3e C. F. Troisième circonvolution frontale. — C. P. A. Circonvolution pariétale ascendante. — P. C. Pli courbe. — L. P. S. Lobule pariétal supérieur. — L. P. I. Lobule pariétal inférieur. — 1re C. T. Première circonvolution temporale. — 2e C. T. Deuxième circonvolution temporale avec une division postérieure ou troisième temporale. — C. O. Circonvolutions occipitales. — Sut. F. P. Suture fronto-pariétale. —

Broca, étant chirurgien à l'hôpital de Bicêtre, observa, en 1863, à quelques mois de distance, deux malades ne pouvant plus articuler un mot, bien qu'ils eussent conservé leur parfaite intelligence et que les muscles de la langue et du larynx ne fussent point paralysés. Tous deux, à l'autopsie, montrèrent une lésion du cerveau occupant exactement la partie postérieure de la troisième circonvolution frontale gauche. Deux ans après on se trouvait en possession de onze autres cas identiques (1) ; et, toujours chez ces *aphasiques*, seule la frontale gauche était lésée. C'est avec stupéfaction que Broca observa ce fait qui lui paraissait en contradiction avec toutes nos connaissances, en psychologie cérébrale ; mais il fallait se rendre à l'évidence. Broca fit remarquer alors que l'homme s'habitue dès l'enfance à répartir entre les deux hémisphères les actes difficiles et compliqués ; c'est ainsi que la plupart des hommes se servent de préférence de la main droite dirigée par l'hémisphère gauche ; quoi d'étonnant que l'enfant s'habitue à diri-

---

Sut. T. P. Suture de l'écaille du temporal avec le bord inférieur du pariétal. — Sut. sph. Suture sphéno-pariétale. — Sut. sph. T. Suture sphéno-temporale. — Sut. O. P. Suture occipito-pariétale.

Le trait en pointillé circonscrit la silhouette du ventricule latéral du cerveau avec ses cornes frontale, occipitale et sphénoïdale.

1. L'autopsie montra chez Gambetta, le grand orateur, un développement énorme de la troisième circonvolution cérébrale gauche.

ger, avec l'hémisphère gauche, la mécanique délicate du langage ? Mais s'il est vrai que les droitiers, gauchers du cerveau, se servent de l'hémisphère gauche pour le langage, chez les gauchers c'est à l'hémisphère droit que doit être dévolue cette fonction. C'est ce qu'ont prouvé de nombreuses observations (1).

En 1873, Hitzig opéra directement sur la surface corticale mise à nu chez un chien vivant et constata que l'excitation de certaines régions déterminait la contracture de certains groupes musculaires.

La même année, David Ferrier fit des expériences de même nature sur le singe et trouva que le cerveau de cet animal présentait, à ce point de vue, une analogie complète avec celui de l'homme. Il fut amené ainsi à déterminer un grand nombre de centres moteurs dont je me contenterai d'énumérer les principaux, pour montrer combien ils sont spécialisés, mais dont il serait difficile d'indiquer l'emplacement exact sans employer des termes trop techniques (2). Ce sont : 1° les centres des membres inférieurs ; 2° les centres des membres supérieurs (épaules,

---

1. Le Dr Luys a rapporté dans les *Annales de psychiatrie et d'hypnologie* des expériences de suggestion, exercées à volonté sur la moitié droite ou la moitié gauche du corps, qui prouvent que la parole peut se produire soit avec le lobe droit, soit le lobe gauche, mis isolément en action.

2. Ces emplacements sont du reste discutés par les nombreux physiologistes qui ont étudié la question.

coudes, poignets, doigts, pouces) ; 3° les centres des mouvements de la face (joues et commissures buccales, mouvements d'adduction des cordes vocales et mouvements de la gorge, mouvements d'ouverture et de fermeture de la bouche, protraction et rétraction de la langue, mouvements du plancher buccal) ; 4° centre des mouvements du tronc et de l'abdomen ; 5° centre des mouvements de la tète et du cou ; 6° centre de la langue ; 7° centre des mouvements des yeux ; 8° centre de l'aphasie (aphasie motrice d'articulation, agraphie, cécité verbale, surdité verbale) ; 9° le centre visuel ; 10° le centre auditif, etc. (1).

---

1. Le 27 juillet 1871, David Ferrier, ayant à soigner un aphasique, le trépana en prédisant qu'il allait trouver une lésion de la troisième circonvolution ascendante gauche ; ce qui arriva.

Le Dr Lucas-Championière a appliqué avec succès le trépan aux affections nerveuses non traumatiques et a publié en 1878 un livre intitulé : *La trépanation guidée par les localisations cérébrales*.

D'après Le Fort (*Topographie cranio-cérébrale*, Paris, 1890) on aurait déterminé un plus grand nombre de centres psycho-moteurs et sensoriels de l'écorce. Dans sa planche II, cet auteur indique les suivants : Centre des mouvements rotatoires de la tête. C. des mouvements du cou. C. des mouvements des yeux. C. de la mémoire motrice verbale. C. des mouvements du tronc. C. des mouvements du coude. C. des doigts. C. de la face supérieure et des angles de la bouche. C. des mouvements des cordes vocales. C. des mouvements du pharynx. C. du gros orteil. C. des mouvements de l'épaule. C. du poignet. C. de la hanche. C. du pouce. C. de la face et de la langue. C. du sens musculaire. C. des mouvements de la jambe. C. de l'élévation de la paupière. C. de la mémoire des mots écrits. C. de la vision binoculaire. C. de la vision. C. des sons verbaux.

En 1884, M. Dumontpallier reconnut qu'il pouvait produire *l'aphasie* sur deux hystériques de son service, en état de somnambulisme, par une *simple pression* sur la tempe gauche ; mais il constata que l'aphasie se produisait également par la pression sur la tempe droite. La pression sur les mêmes points, à droite comme à gauche, déterminait la perte du *langage écrit* que l'anatomie a montré localisé, ainsi que nous le dirons plus loin, dans la deuxième circonvolution frontale. On voit d'après cela : d'abord, que les points homologues des deux hémisphères cérébraux peuvent être *inhibés* à la fois par une action exercée sur l'un d'eux seulement; ensuite, que les parties de l'enveloppe extérieure qui agissent sur ces points ne sont pas nettement délimitées. Ce dernier fait tient sans doute à la répartition du réseau sanguin ; il suffit, je suppose, de comprimer une artère pour modifier l'état des cellules cérébrales placées sur son trajet (1).

M. Dumontpallier observa encore, sur ses deux sujets à l'état somnambulique, que la moindre pression exercée sur le point du crâne correspondant à la première circonvolution frontale (gauche ou droite) amenait la perte du

---

1. M. Luys admet que les attouchements sur le crâne d'une personne vivante pouvaient modifier son état cérébral « en vertu des liens sympathiques qui unissent la circulation du cuir chevelu à celle des régions sous-jacentes du cerveau. »

souvenir de l'*usage des objets.* Ainsi quand on présentait au sujet une clef, il pouvait dire ce que c'était, mais il ne se rappelait pas à quoi elle servait.

A l'école de médecine de Rochefort, MM. Burot, Bourru et Berjon ont constaté qu'un courant quelconque appliqué sur la tête, en des points déterminés, produit des mouvements dans les membres et dans la face du côté opposé, quand les électrodes sont placées au niveau du sillon central, près de la ligne médiane. Les mouvements commencent par le bras, la jambe ou la face, suivant la position des électrodes : un peu plus bas, un peu plus haut, un peu plus en avant ou un peu plus en arrière du sillon (ou plutôt d'une ligne verticale prolongée du niveau du pavillon de l'oreille à la suture sagittale). Les rhéophores placés sur les lobes postérieurs donnent lieu à des mouvements dans le bras du même côté. Ces phénomènes se produisent également du côté droit et les résultats s'obtiennent à l'état de veille comme en somnambulisme (1).

MM. Binet et Féré ont abordé la question des localisations cérébrales par une autre méthode. Ils avaient reconnu qu'en opérant, avec un aimant, le transfert des hallucinations unilatérales, les sujets soumis à l'expérience accusaient spontanément des douleurs de tête oscillant

1. BERJON, *La grande hystérie chez l'homme.* Paris, 1886.

d'un côté à l'autre du crâne et se fixant en des points symétriques parfaitement déterminés, suivant la nature des hallucinations.

Ces points se trouvent, pour le transfert de l'*hallucination visuelle,* un peu en arrière et au-dessus du pavillon de l'oreille, c'est à-dire dans la région où P_2 se joint à T_2. Dans le transfert de l'hallucination de l'*ouïe,* le point douloureux est situé au milieu de l'espace compris entre la partie antérieure du pavillon de l'oreille et l'apophyse orbitaire externe (1), c'est-à-dire à l'extrémité antérieure de T_2.

M. Durville, directeur du *Journal du Magnétisme,* a déterminé également un certain nombre de localisations indiquées dans la figure 8 en touchant simplement le crâne d'un sujet endormi. Les mêmes points, qui se retrouvent symétriquement placés de chaque côté du crâne, déterminaient l'excitation ou la sédation de la faculté correspondante, suivant qu'ils étaient touchés avec un doigt de l'une ou de l'autre main, d'après les lois de la polarité (2).

J'ai essayé de répéter ces expériences, et je les ai vérifiées en partie. Voici les résultats

---

1. M. Luys possédait dans sa collection le crâne d'une femme qui a été sourde pendant quarante ans et où cette partie du cerveau est complètement atrophiée.

2. Au moment de mettre sous presse, je reçois le numéro du *Journal du Magnétisme* (3e trim. 1903) où M. Durville a inséré un important article sur les localisations cérébrales.

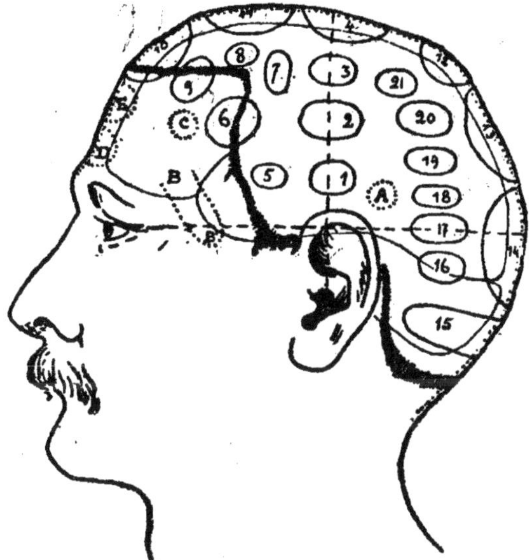

FIG. 8. — LOCALISATIONS CÉRÉBRALES d'après M. Durville.

CENTRES MOTEURS ET SENSITIFS.

1, Centre sensitif du bras. — **2**, Centre sensitif de la jambe. — **3**, Centre moteur de la rate. — **4**, Centre des nerfs spinaux. — **5**, Centre moteur de l'oreille. — **6**, Centre moteur de la tête, de la langue et du cou (*à gauche, langage articulé de Broca*). — **7**, Centre moteur du cœur. — **8**, Centre sensitif des seins. — **9**, Centre sensitif des poumons. — **10**, Centre du foie. — **11**, Impression, croyance. — **12**, Centre du nez. — **13**, Centre moteur de l'estomac. — **14**, Centre génésique. — **15**, Coordination des mouvements, tact. — **16**, Centre du larynx. — **17**, Centre sensitif de la bouche et des dents. — **18**, Centre de l'audition. — **19**, Reins, organes génito-urinaires. — **20**, Centre de la vision. — **21**, Centre moteur de l'intestin.

FACULTÉS MORALES ET INTELLECTUELLES.

A, Douceur à gauche, colère à droite. — **B**, Formes de la mémoire. — B à gauche, souvenirs gais ; envie de rire et de se moquer, prendre tout en riant ; satisfaction. — B à droite, souvenirs tristes ; rend sombre et rêveur ; mélancolie, mécontentement. — **C**, Gaîté à gauche, tristesse à droite. — **D**, Attention. — **E**, Volonté.

que j'ai obtenus assez souvent pour qu'on ne puisse les attribuer au hasard, toutes les précautions étant d'ailleurs prises pour éviter la suggestion (Fig. 9).

En touchant la partie du crâne située à 2 ou 3 centimètres en arrière de la partie supérieure du pavillon de l'oreille, j'ai provoqué la colère du côté droit et la bienveillance du côté gauche. De même la pression sur les milieux des côtés du front donne des idées gaies à gauche et tristes à droite. Je dois ajouter que ces phénomènes sont quelquefois inversés, quelquefois nuls.

La pression de la saillie occipitale nº **18** détermine généralement des idées érotiques (1) et celle du nº **19** des idées d'orgueil.

Les mouvements des bras et des jambes sont

---

1. « Il est des femmes de qui l'on ne peut dire ni qu'elles ont de bonnes ni qu'elles ont de mauvaises mœurs. Une de ces femmes d'une vertu douteuse entra comme j'étais à écrire sur mon moine noir. — Maître Malchus, me dit-elle, mon mari a la puce à l'oreille ; autrefois, lorsque nous étions couchés dans notre grand lit, il se mettait au milieu, et suivant l'usage, il faisait mettre son ami à côté de lui ; maintenant il ne le fait plus. Moi, maître Malchus, continua-t-elle en baissant la tête, et en me montrant le derrière du cou, j'ai là une autre puce, et la mienne est ensorcelée : voyez de m'en délivrer. — Madeleine, lui répondis-je, les sorciers ne peuvent se réduire jusqu'à la petitesse de la puce ; les femmes seraient trop exposées, et elles le sont déjà assez. »

MONTEIL, *Histoire des Français des divers États.* Tome II. — Les plaintes des divers États. — Histoire X : Le sorcier.

obtenus par des pressions sur les points nos **14** et **15** au-dessus de l'oreille. Chez quelques sujets, on détermine le mouvement des membres du même côté ; chez d'autres, le mouvement des membres opposés.

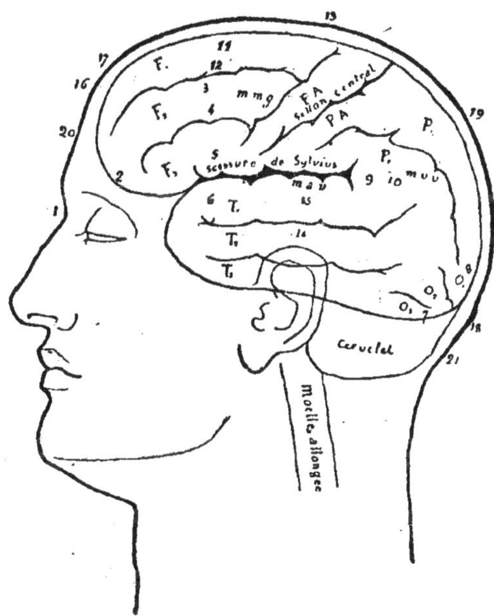

Fig. 9. — Localisations cérébrales.
Les localisations sont désignées par des chiffres ou des groupes de trois lettres.

Les localisations des sens sont plus constantes. On supprime le *goût* et l'*odorat* par la pression des points **7** et **8** situés à l'occiput. La suppression n'a lieu que du côté où a été effectuée la pression. Il en est de même pour le point **6**, à la partie supérieure de la tempe, qui correspond à l'*ouïe.*

En pressant le point n° **9**, on rend le sujet aveugle, et une pression un peu en arrière (n° **10**) détermine l'arrêt du mouvement des yeux.

Au point **11** correspond le mouvement des lèvres ; au point **12** celui de la tête et du cou ; au point **13** celui de tout le corps.

L'extase est provoquée par la pression sur le point n° **17** au sommet de la partie médiane du front, là où les initiés étaient marqués du sceau divin. La pression au-dessous (n° **16**) amène simplement les idées religieuses.

Le n° **20** est, chez presque tous les sujets, un point hypnogène dont la pression ramène la mémoire propre à l'état somnambulique.

En effleurant à peine ce point sur une robuste femme de quarante ans, peu sensible d'ailleurs, j'ai déterminé un état d'inertie complet qui a duré plus d'une minute.

Entre le n° **20** et la racine du nez se trouve un point correspondant au sentiment de l'équilibre. Je rappelle, que dans les luttes corps à corps, c'est cet endroit-là qu'on cherche à frapper avec le poing pour étourdir son adversaire.

La pression sur la racine du nez n° **1** supprime la *mémoire des noms propres.* On supprime seulement la *mémoire des noms des choses* en pressant le point n° **3** à l'angle supérieur du front, la *mémoire de l'usage des choses* en pressant le point n° **4** situé un peu au-dessous, et la *mémoire des lieux* en pressant le n° **2** situé au-dessus du milieu de l'arcade sourcilière.

La pression du point n° **5** sur le milieu de la tempe détermine l'aphasie. Le sujet conserve la liberté de la mâchoire, de la langue et des lèvres, mais ne peut plus articuler ; l'effet se produit aussi bien à droite qu'à gauche.

La pression du point **21** situé au bas de l'occiput agit sur la *respiration.*

Dans tous les phénomènes qui précèdent, la pression produit le même effet, quel que soit l'objet qui presse, quand cet objet n'est pas polarisé ou qu'on ne laisse pas à la polarité le temps d'agir.

Toutefois, ce que l'on obtient par la pression et la friction, on peut l'obtenir également par une action suffisante de polarité, l'action en isonome agissant comme la pression et l'action en hétéronome comme la friction.

Ce que la *pression* fait, la *friction* le défait : l'une arrête la circulation, l'autre la rétablit (1).

---

1. Je n'ai pas la prétention de donner une explication du phénomène, mais je crois qu'on pourra la trouver dans des considérations analogues à celles que je reproduis ci-dessous d'après un article inséré en mai 1890 dans les *Archives générales de médecine.*

« Vu la mollesse du cerveau, le sang varie dans sa quantité,

Ainsi, mettant le sujet en état de catalepsie

---

avec une extrême facilité ; par suite, les capillaires plus ou moins dilatés, compriment plus ou moins les éléments nerveux qui les entourent : ces variations sont infinies ; elles peuvent aller, de l'hémorrhagie cérébrale, qui est la rupture par excès de dilatation, jusqu'à la syncope qui suit leur resserrement. Entre ces extrêmes, sont la congestion, les délires, l'excitation intellectuelle et le fonctionnement normal du cerveau. Enfin, surviennent les troubles provoqués par l'ischémie qui sont : les dépressions des facultés intellectuelles, le sommeil et certaines pertes de connaissance.

« Je prends un exemple. Un homme éprouve une émotion vive : il rougit ou pâlit ; c'est que les capillaires de sa face se sont relâchés ou contractés, sous l'influence de leurs vaso-moteurs, lesquels sont mis en action d'une façon encore inconnue par les centres nerveux qui ont perçu l'émotion. En ce qui touche le cerveau, les capillaires dilatés ou resserrés agissent sur les éléments nerveux, lesquels, enfermés dans une boîte inextensible, subissent une action plus ou moins violente. Ici, plus de rougeur, ni de pâleur, du moins apparente, mais excitation, congestion, apoplexie, ou abattement et syncope.

« La pensée de rapporter à la circulation les désordres des fonctions nerveuses, s'applique mieux encore à la pathologie qu'à l'analyse de l'existence ordinaire. Ainsi admettons que le phénomène que nous venons d'indiquer se passe au milieu des éléments d'origine des nerfs des sens, le malade aura des hallucinations. Si ce sont des éléments moteurs ou sensitifs qui sont troublés dans leur arrangement normal, surviendront des troubles dans la sensibilité et dans la contraction musculaire, comme des convulsions, de la contracture, de la paralysie, des névralgies, de l'anesthésie, ou de l'hyperesthésie ; il ne saurait en être autrement, pour les éléments nerveux, des points du cerveau qui président à telle ou telle fonction d'un ordre plus élevé, tels que l'attention, la mémoire, l'imagination, l'association des idées, etc...

« Alors surgiront de l'incohérence, du délire, de la manie, de l'amnésie, etc., etc... En un mot, pour moi, *toutes les lésions des fonctions cérébrales sont dues, la plupart du temps, à un trouble apporté dans les origines de leurs nerfs par le sang qui circule dans la trame nerveuse de ces origines.* »

totale par l'imposition de la main droite, je *réveille*, comme l'ont indiqué MM. Binet et Féré, séparément chacun des sens dont l'exercice est suspendu, par la friction du point du crâne correspondant.

Il y a une loi plus générale à laquelle se rattache cette observation. Quand le sujet est très sensible, il suffit d'augmenter progressivement la pression pour produire successivement la catalepsie, le somnambulisme et la léthargie de l'organe sur lequel on agit ; à l'aide des frictions on fait repasser l'organe par les mêmes phases pour le ramener à l'état normal. Je presse, par exemple, le point **14** ou **15**, le membre actionné se soulève d'abord en prenant la raideur cataleptique ; si la pression continue, le membre retombe, il éprouve des fourmillements, et on peut alors lui donner la suggestion d'exécuter un mouvement déterminé à une époque déterminée ; le mouvement s'exécutera, comme il a été dit, sans que le sujet en ait conscience. La pression continuant encore, le sujet cesse d'avoir la sensation de son membre qui est complètement inerte et sensible. On obtiendra des phénomènes analogues en pressant de plus en plus le point correspondant à un sens, tel que le n° **9** du côté droit ; l'œil droit commencera par devenir presque insensible à la lumière, puis il deviendra suggestible et enfin le sujet n'aura plus conscience de cet organe.

Une friction sur les points commence par annuler les effets produits par la pression et, si elle se prolonge suffisamment, elle produit les effets inverses (1). Ainsi une friction sur la partie supérieure du milieu du front (n° **16**) finit par évoquer des idées criminelles; sur le n° **2**, elle amène la perte de la mémoire en général, tandis que la friction sur le n° **1** rappelle la mémoire spéciale du nom des personnes, mémoire qui avait été supprimée par une pression sur ce point.

Cette propriété permet de faire, pour ainsi dire, la *preuve par suggestion* des localisations cérébrales. Par exemple, je dis au sujet: « Au réveil, vous aurez oublié votre nom. » Au réveil, il l'a oublié et je ramène la mémoire du nom par une friction sur la racine du nez. Ou bien: « Au réveil, vous ne pourrez plus remuer la jambe droite » ; l'effet se produit et il disparaît par une friction sur le point **15**.

La friction doit, pour être efficace, s'exercer sur le point précis ; cependant il arrive que cer-

---

1. Un pincement peut produire le même effet qu'une friction. En pinçant Benoît au front à l'état de veille on ne produit rien, mais à l'état de rapport, où il est plus sensible, on le fait penser aux femmes ; en le pinçant à la saillie occipitale on détermine au contraire les idées religieuses.

Cela explique le fait suivant rapporté par le bibliophile Jacob (*Curiosités de l'histoire des croyances populaires*, p. 223) et tiré des archives d'Epinal: « Dans un procès de sorcellerie en 1632, le curé Cordet, qui fut jugé et condamné à Epinal, était accusé d'avoir introduit au Sabbat la ribaude Cathelinotte et de l'avoir présentée à Maître Persin, homme grand et noir, froid comme glace et habillé de rouge qui *pinçait au front ses néophytes* pour *leur faire renier Dieu et la Vierge.* »

taines suggestions, notamment celles qui ont trait aux mouvements, disparaissent aussi par une friction sur le sommet de la tête; on remarquera, en effet, que la pression sur le vertex (n° **13**), commande aux mouvements de tout le corps. Il y a là des phénomènes complexes qui n'ont point encore été suffisamment analysés.

Chez certains sujets d'une sensibilité exceptionnelle, comme Lina, on arrive à déterminer tous les effets produits ordinairement par la pression ou la friction, simplement à l'aide du rayonnement des doigts ou même du regard, la fixation prolongée agissant comme la pression, et les passes rapides à distance comme la friction.

En 1887, pendant que je m'occupais de ces recherches, M. Mathias Duval résumait, dans une conférence claire et précise faite à la Société d'anthropologie, les résultats qu'on pouvait cnosidérer comme certains, relativement aux *centres de la mémoire.*

La lésion de la première temporale gauche, disait-il, produit, chez un individu droitier, la perte de la mémoire des sons verbaux, c'est-à-dire que l'individu entend, raisonne, mais a oublié le sens conventionnel attaché aux mots dont on se sert pour lui parler dans les langues qui lui sont familières. La première temporale gauche peut donc être considérée comme le siège de la *mémoire auditive verbale* (*m a v*) (Fig. 10) (1).

La seconde pariétale gauche correspond à la *mémoire visuelle verbale* (*m v v*); c'est dans cette partie du cerveau que s'enmagasinent les souvenirs à l'aide desquels les signes des lettres évoquent des idées conventionnelles. La personne chez qui cette partie n'a plus la vitalité normale ne sait plus lire, mais elle peut encore écrire (2).

Le souvenir des mouvements qu'il faut faire pour tracer les diverses lettres de l'écriture, la *mémoire motrice graphique* (*m m g*) est localisée dans la partie postérieure de la seconde frontale gauche.

---

1. « Un des malades observés s'est peu à peu rétabli d'une attaque d'apoplexie, mais il semble être resté sourd et idiot, car il répond de travers aux questions qu'on lui pose et il ne comprend pas la conversation. Cependant, lorsqu'il parle spontanément ou qu'il répond à sa propre pensée, il s'exprime fort correctement : de même il répond d'une façon normale aux questions posées par écrit. Ce n'est donc pas l'intelligence qu'il a perdue ; il lui manque de comprendre le langage parlé. Quand il entend parler sa langue maternelle, c'est comme s'il entendait une langue complètement inconnue de lui ; il ne comprend plus les mots entendus : il est frappé de *surdité verbale.* »

2. Cette maladie fut observée pour la première fois chez un commerçant. « Il veut envoyer un ordre par écrit relatif à ses affaires ; il écrit lisiblement ; croyant avoir oublié quelque chose dans sa lettre, il la reprend et alors se révèle, dans son origine fantastique, le phénomène que nous allons étudier. Il avait pu écrire, mais il lui était impossible de relire son écriture. Il ne peut lire, il ne peut comprendre ce qu'il écrit. Il est atteint de *cécité verbale.* »

Enfin, on trouve, dans la partie postérieure de la troisième circonvolution frontale gauche, le siège de la *mémoire motrice verbale* (*m m v*) dont l'effet est de retenir les mouvements à l'aide desquels on peut exprimer ses pensées avec la parole. C'est la localisation qu'avait déterminée Broca et qui est marquée du n° 5 dans la figure 10.

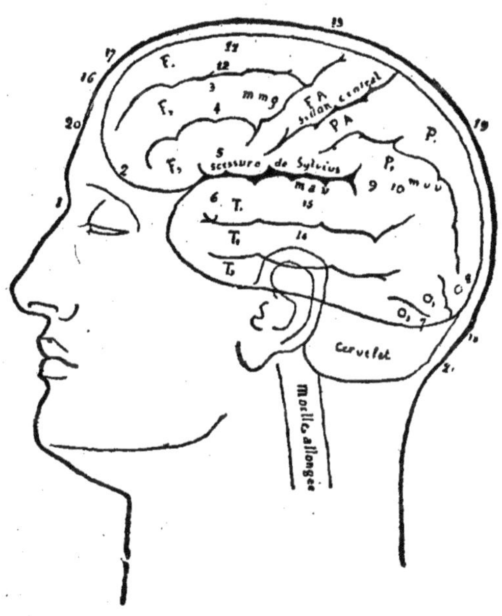

Fig. 10. — Localisations cérébrales.
Les localisations spéciales de la mémoire sont désignées par des groupes de trois lettres italiques.

Toutes ces localisations ont été reconnues, grâce à l'autopsie, chez un certain nombre de personnes qui, de leur vivant, avaient été atteintes des infirmités correspondantes.

J'ai également vérifié sur un certain nombre de sujets ces localisations nouvelles. Il me paraît intéressant de donner quelques détails sur la manière dont les choses se sont passées dans la première série d'expériences faites sur Benoît, alors âgé de dix-huit ans et assez intelligent pour bien se rendre compte de ce qu'il éprouvait. Il ne se doutait nullement de ce que j'allais essayer ; je l'avais mandé aussitôt après avoir lu l'article de la *Revue* que je venais de recevoir par la poste.

J'exerce d'abord quelques pressions un peu au-dessus de l'oreille gauche en le priant de me faire part de ses sensations. Suivant le point que je touche, il me dit qu'il sent son bras ou sa jambe se soulever. Puis, comme je continuais mon exploration, il se tait. Je l'interroge de nouveau, il ne me répond pas ; je fais tomber un livre, il regarde l'endroit d'où part le bruit. Maintenant le doigt de ma main gauche sur le point pressé, j'écris avec la main droite : « Que vous arrive-t-il ? » Il me répond qu'il ne comprend pas quand je lui parle, qu'il n'entend que des sons n'ayant aucun sens. Le point pressé correspondait donc bien à la mémoire auditive verbale (*m a v*) ; il est à environ 4 centimètres au-dessus du bord supérieur de l'oreille, immédiatement au-dessus de celui qui commande le mouvement de la jambe. En augmentant la pression, je détermine l'aphasie ; en l'augmentant encore, je détermine le sommeil.

Je recommence l'expérience dans la région des points **9** et **10** qui correspondent à la vue et au mouvement des yeux, en le priant de lire dans un livre que je lui présente ; après quelques tâtonnements, je supprime la mémoire visuelle verbale ; Benoît voit les lettres, mais il ne sait plus ce qu'elles signifient. Le point marqué (*m v v*) est à environ 6 centimètres au-dessus du lobe de l'oreille et en arrière ; il se confond presque avec le point **10**, mais un peu au-dessus.

Restait à déterminer le siège de la mémoire motrice graphique (*m m g*). Je l'ai retrouvé vers le sommet de la tête, mais plus en arrière que ne l'indique M. Mathias Duval et, au lieu de n'occuper qu'un point, comme les précédents, il s'étend sur une longueur de 3 ou 4 centimètres sur PA et P_1. Le sujet étant en train de copier un article de journal, je pressai l'une des parties de cette zone, il s'arrêta, ne sachant plus comment traduire en écriture cursive ce qu'il lisait. J'insistai pour qu'il écrivît ; il continua, mais lentement, en dessinant les lettres telles qu'il les voyait. C'est ce qu'on peut reconnaître dans le fac-simile ci dessous qui reproduit trois expériences successives.

Si maintenant, au lieu de presser les points *m m v*, *m a v*, *m v v*, *m m g*, on exerce sur eux une friction un peu prolongée, on détermine :

dans les deux premiers cas, la volubilité de la parole ; dans le troisième et le quatrième, une plus grande facilité pour lire ou pour écrire. La vérification par les suggestions a été employée dans ces quatre cas, ainsi que nous l'avons

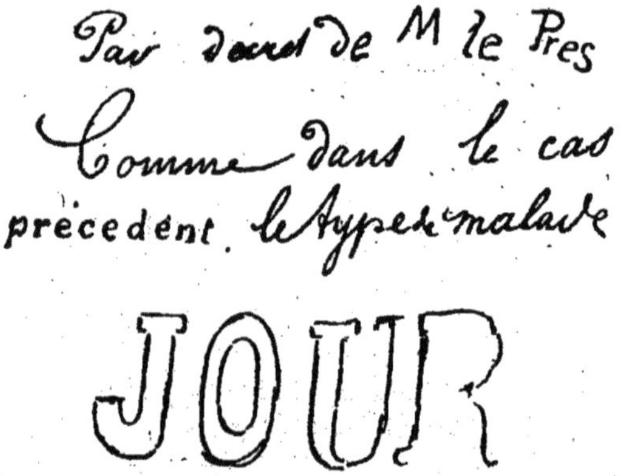

FIG. 11. — Perte de la mémoire graphique.

indiqué plus haut, et a produit des résultats aussi nets.

Il ne faut pourtant point trop se fier à ces localisations, non seulement à cause des erreurs d'expérimentation si difficiles à éviter quand on est obligé de se fier aux dires des sujets, mais aussi parce que l'on n'est pas encore bien fixé sur les concordances des circonvolutions et de la boîte cranienne, concordances qu'on cherche à déterminer avec les rayons X ainsi que nous l'avons montré dans la figure 7.

On conçoit, cependant, dès aujourd'hui, que l'on puisse arriver, en donnant une série de suggestions simples, et en cherchant par tâtonnement quels sont les points du cerveau dont la pression ou la friction fait disparaître ces suggestions, à déterminer de nouvelles localisations cérébrales. La plus grande difficulté consiste à trouver, *a priori*, les *éléments* de nos actes psychiques. Cependant, on peut se servir des observations de Gall et de ses disciples, comme de jalons, pour s'orienter dans ces régions inconnues.

On remarquera, en effet, que déjà nous avons des points communs. C'est vers le point **1** que Gall avait placé la *mémoire des personnes*, et vers le point **18**, *l'amour physique*. Quant à la *théosophie* (*vénération* de Spurzheim), il la mettait beaucoup plus en arrière que nous, mais également sur la première circonvolution frontale.

Voici quelques observations nouvelles faites en partant des données du célèbre phrénologiste.

Benoît a reçu la suggestion de ne plus reconnaître les couleurs : il ne les reconnaît plus. Je frictionne la partie de l'arcade sourcilière située du côté interne de l'œil, la suggestion disparaît. Inversement je presse, à l'état normal, cette partie de l'arcade sourcilière, j'oblitère le *sens des couleurs*. Gall l'avait placé au milieu de l'arc des sourcils, là où j'ai constaté la mémoire des lieux.

Les numéros 8 et 9 de la nomenclature de Gall occupent tout l'occiput à peu près entre les régions *m m g* et *m v v* ; ils correspondent à l'orgueil, à l'ambition, à la vanité... En agissant sur la partie que j'ai marquée du n° **20**, à l'état de veille chez Benoît, je n'obtiens aucune réponse, parce que le sujet ne se rend pas un compte suffisamment net d'impressions faibles ou peut-être parce qu'il lui répugne de les exprimer ; mais, quand le sujet est en somnambulisme, la friction détermine un accès d'humilité : Benoît regrette d'avoir acheté un chapeau ; une casquette convenait bien mieux à sa situation subalterne ; il prend un air triste et déclare que désormais il ne perdra plus de temps à sa toilette. La pression des mêmes points le fait au contraire se redresser, il affecte une allure conquérante ; il est très fier de sa bonne tournure et trouve que sa jaquette lui va très bien.

Il semble que c'est la friction, et non la pression, qui devrait toujours produire l'effet qui, suivant Gall, se manifeste par une bosse. Quand cela ne se présentait pas, je refaisais l'expérience plusieurs fois sur deux sujets différents et en variant les méthodes : j'ai toujours obtenu les mêmes résultats. Ce qui prouve que tout n'est pas encore bien clair dans cet ordre de phénomènes.

En résumé, nous voyons que des savants et des observateurs, appartenant aux écoles les plus diverses et opérant par des méthodes tout à fait dissemblables, s'ils diffèrent souvent par les détails, sont néanmoins tous arrivés aux conclusions générales suivantes :

1° Notre cerveau peut être considéré à la fois comme un appareil récepteur où s'enregistrent les impressions sensorielles et comme un appareil moteur qui gouverne les mouvements des différentes parties de notre corps, *chaque partie de l'instrument ayant une destination spéciale parfaitement connue de notre esprit qui en joue inconsciemment.*

2° Dans certains cas particuliers, cet instrument peut être mis en jeu par d'autres agents : non seulement par des actions mécaniques exercées sur la surface du cerveau mise à nu, mais par des actions exercées à travers le crâne, quelquefois à distance, et paraissant dues à des radiations ou à des vibrations dont la nature est encore mal définie.

Quel que soit le degré de certitude que l'on croit avoir trouvé dans la détermination des localisations elles-mêmes, il n'en reste pas moins un ensemble imposant de constatations qui nous conduiront probablement, un jour ou l'autre, à l'explication rationnelle de la suggestion mentale et de la télépathie.

Pagination incorrecte — date incorrecte

NF Z 43-120-12

EXTASE RELIGIEUSE.

Depuis que l'article précédent a été écrit, j'ai eu l'occasion de vérifier mes assertions sur un assez grand nombre de sujets, notamment pour les points 16 et 18 qui ont donné lieu à une preuve singulière.

Pendant l'hiver 1902-1903 j'ai connu à Lisbonne une dame d'origine française, très curieuse, très intelligente, qui voulut savoir si elle serait un sujet ; ce dont elle ne se doutait pas, bien qu'elle frisât la quarantaine.

Je la magnétisai plusieurs fois et l'amenai assez rapidement à l'état de somnambulisme. Comme elle était excellente musicienne, ma première idée fut de la développer dans le sens de Lina, c'est-à-dire de lui faire mimer les sentiments exprimés par la musique. Malgré mes efforts je n'obtins absolument rien de ce côté, pas plus que je n'obtins l'extériorisation de la sensibilité ; ce qui prouve qu'on ne détermine pas la nature et la marche des phénomènes par suggestion plus ou moins inconsciente, mais que chaque sujet se présente avec des aptitudes particulières. En revanche Mme Louise se montra de suite fort sensible aux suggestions et aux localisations cérébrales ; tellement même qu'au bout de quelques séances, il me suffisait, lorsqu'elle était en état de somnambulisme, de fixer fortement mon regard sur telle ou telle partie de sa tête pour déterminer le même effet qu'avec une pression du doigt.

C'est dans cet état qu'ayant déterminé un

EXTASE AMOUREUSE.

Andante.

p dolce.

Rall.

Espressino.

Dolce.

jour l'extase religieuse, par mon action sur le point 16, je la priai de me décrire ce qu'elle ressentait. Elle me répondit qu'elle se rappelait sa première communion et qu'elle éprouvait les mêmes *sentiments* de ferveur qu'à cette époque. Je la priai alors d'aller au piano et d'exprimer ces sentiments par la musique qui est bien plus propre que la parole à rendre des « états d'âme » plus ou moins vagues. Elle le fit et improvisa la musique de la page 66. Je lui suggérai de se la rappeler au réveil et de la noter, ce qu'elle fit (1).

J'agis de même pour le point 18 et elle me donna la musique de la page 70 (2).

De retour en France j'envoyai à M. Magnin (3) ces deux morceaux de musique, en le priant de les faire jouer devant Mme Madeleine G..., sans la prévenir de rien, et de faire photographier les attitudes obtenues pour nous rendre compte si elle percevait bien les sentiments qu'avait voulu exprimer Mme Louise M. Magnin voulut bien se prêter à cette expérience et il m'a envoyé récemment une dizaine de poses successives obtenues pour chacun des morceaux. J'ai reproduit seulement les deux poses finales dont l'allure est suffisamment caractéristique.

1. Elle avait commencé par toucher simplement du piano, puis en reprenant le motif improvisé, elle y adapta les paroles de l'*Ave Maria*.

2. Il y a une erreur dans la musique de cette page. Les deux premières notes de la dernière ligne doivent être des *sol* et non des *la*.

3. Voir la note 1 de la page 12.

LES ACTIONS PSYCHIQUES DES CONTACTS, DES ONCTIONS ET DES ÉMANATIONS

Pour expliquer l'action de la musique sur des sujets tels que Lina et Mme Madeleine G., j'ai été porté à supposer que l'activité de certaines circonvolutions cérébrales était excitée par des sons musicaux dont les vibrations seraient en rapport harmonique avec les vibrations propres de ces parties du cerveau.

Cette hypothèse n'est point aussi extraordinaire qu'elle peut le paraître au premier abord et elle est analogue à celles qu'on a été conduit à proposer pour d'autres faits.

En médecine on admet, en effet, déjà que les poisons et les médicaments, emportés par le torrent de la circulation et mis en contact avec l'ensemble des éléments anatomiques, en choisissent un ou plusieurs groupes sur lesquels, *par une affinité particulière,* ils vont porter leur action meurtrière ou bienfaisante. Tels sont les sudorifiques qui agissent spécialement sur les glandes sudorales, les vomitifs sur l'estomac, les purgatifs sur les entrailles, la belladone sur la pupille de l'œil, les aphrodisiaques et les anaphrodisiaques sur les organes génitaux.

La digestion n'est pas même nécessaire ; quelques corps produisent leur effet en pénétrant dans l'organisme par les voies respiratoires, comme l'éther, le chloroforme et le gaz hilarant, etc.

D'autres encore peuvent agir par une simple application sur la peau ou à distance, même s'ils sont solides ou enfermés dans des tubes de verre.

Certaines de ces onctions et de ces émanations déterminent sur quelques personnes douées d'une sensibilité exceptionnelle des phénomènes psychiques que leur rareté a fait révoquer en doute, bien qu'ils aient joué un rôle important dans l'histoire, mais dont la réalité a été prouvée par des expériences contemporaines. Eux aussi, ne peuvent guère s'expliquer que par des vibrations communiquées aux diverses parties du cerveau par des processus divers. Il n'est donc pas inutile de les passer en revue.

Je rappellerai d'abord que chacun de nos sens ne perçoit que les mouvements vibratoires compris entre certaines limites. De même, notre organisme peut être impunément traversé par des courants électriques avec interruptions de très haute fréquence, tandis que nous serions foudroyés par les mêmes courants si les interruptions étaient moins rapprochées. J'ai eu un sujet (Benoît) qui ne percevait absolument rien quand il recevait les décharges d'une forte machine électrique ou qu'il prenait entre les mains les électrodes d'une pile puissante ; mais il était complètement contracturé quand il touchait cette machine après la décharge ou quand le courant était très faible. Il est des hystériques qui éprouvent, avec des doses extrêmement minimes de certains médicaments, des phénomènes toxiques et qui supportent sans accident des doses considérables de médicaments très actifs. L'homéopathie, du reste, est fondée tout entière sur l'action de substances dont les molécules sont pour ainsi dire isolées par les dilutions successives, de sorte que, suivant certains théoriciens, elles peuvent alors vibrer sans entraves et produire ainsi des effets spéciaux plus énergiques.

« Sait-on ce qu'il faut pour arrêter la vie de certains organismes rudimentaires ? Bien peu de chose. L'*Aspergillus niger* en fournit un exemple. Au moment où cette plante est en plein développement dans un liquide de culture approprié, il suffit d'ajouter à ce liquide un seize cent millième de nitrate d'argent pour que toute trace de végétation disparaisse, et cette végétation ne peut même pas commencer dans un vase d'argent. La chimie est impuissante à démontrer qu'une portion de la matière du vase se dissout dans ce liquide, mais la plante l'accuse en mourant. Quelle est la dilution homéopathique qui correspond à la quantité de métal ainsi dissous ? — C'est d'après ce principe que des médecins ont ordonné, dans la dernière épidémie de choléra asiatique, de porter sur soi des plaques de cuivre bien adhérentes à la peau, sous le prétexte assez rationnel que le cuivre empêche le développement et la vie du microbe cholérique. N'est-ce point admettre l'efficacité d'une dose vraiment infinitésimale ? — Dans les eaux minérales, les doses pondérables de la substance médicamenteuse sont hors de toute proportion avec les effets qu'elles produisent. Darwin, en étudiant l'action du *Drosera rotundifolia*, constate qu'il suffirait d'un vingt millionième de sulfate d'ammoniaque pour produire l'inflexion de la feuille. En fait, continue Darwin, chaque fois que nous percevons une odeur, il est évident que des particules infiniment plus petites encore viennent impressionner nos nerfs. Lorsqu'un chien se trouve à quelque cent mètres sous le vent d'un daim ou de tout autre animal, il perçoit sa présence. Les particules odorantes produisent certains changements sur ses nerfs olfactifs ; or, ces particules odorantes doivent être infiniment plus petites que celles du phosphate d'ammoniaque dont on ne perçoit qu'un millionième de grain ; les nerfs n'en transmettent pas moins au cerveau de l'animal une impression qui se traduit par des actes extérieurs (1). »

---

1. H. Bourru et P. Burot. — *La suggestion mentale, etc.*, pp. 294 et suiv.

Ces considérations permettent de comprendre les actions psychiques attribuées à certaines substances par beaucoup d'anciens auteurs.

« J'étais persuadé, dit Van Helmont (1), que les poisons peuvent être des remèdes utiles lorsqu'on sait les doser et les appliquer à propos. Je voulus, en conséquence, faire des expériences sur le *napel* (2). En ayant préparé grossièrement une racine, je la goûtai du bout de la langue ; je n'en avalai point et crachai beaucoup. Cependant il me sembla d'abord que ma tête était serrée par un bandeau, et bientôt il m'arriva une chose fort singulière et dont je ne connaissais aucun exemple. Je m'aperçus avec étonnement que je n'entendais, ni ne savais et n'imaginais plus rien par la tête, mais que toutes les fonctions qui lui appartiennent ordinairement étaient transportées autour du creux de l'estomac. Je le reconnus clairement, distinctement ; j'y fis la plus grande attention. Ma tête conservait le mouvement et le sentiment ; mais la faculté de raisonner avait passé à l'épigastre, comme si mon intelligence y eût établi son siège. Frappé d'admiration et de surprise de ce mode insolite de sensation, je m'étudiai moi-même avec soin ; je me rendis compte de ce que j'éprouvais, j'examinai toutes mes notions et je reconnus que, pendant tout le temps que dura

---

1. *Demens idea*, §§ 2 et suiv. — Traduction de Deleuze.
2. Autre nom de l'aconit.

cet état extraordinaire, mon intelligence avait bien plus de force et de perspicacité. Je ne puis expliquer, par des paroles, le sentiment que j'éprouvais. Cette clarté intellectuelle était accompagnée de joie. Je ne dormais point, je ne songeais point ; j'étais à jeun et ma santé était parfaite. J'avais eu quelquefois des extases, mais elles n'avaient rien de commun avec cette manière de sentir par l'épigastre qui excluait toute coopération de la tête. Je m'étonnais que mon imagination eût quitté le cerveau, devenu oisif, pour exercer son activité dans la région épigastrique. Cependant ma joie fut un moment suspendue par l'idée que cette disposition pourrait me conduire à la folie. Mais ma confiance en Dieu et ma soumission à sa volonté dissipèrent mes craintes. Cet état dura deux heures, après lesquelles j'eus deux vertiges : au premier, je sentis qu'il s'opérait un nouveau changement en moi, et au second, je me trouvai dans l'état ordinaire. J'ai depuis essayé plusieurs fois de goûter du napel, mais je n'ai jamais pu obtenir le même résultat. »

J.-B. Porta rapporte, dans le chapitre de sa *Magie naturelle* consacré à la cuisine, que, sous l'influence de la *jusquiame*, de la *belladone* et du *stramonium* réduits en poudre et mélangés aux aliments, les convives s'imaginent être transformés en bêtes ; on les voit faire les signes de brouter l'herbe comme les bœufs, nager comme les phoques et barboter comme le feraient les canards et les oies dans les mares.

Le *hachisch* peut produire des hallucinations analogues, et le Dr Motet raconte qu'à la suite d'une absorption de cette substance il se crut transformé en battant de cloche (1).

Il est probable que les épidémies de zoanthropie, qui ont été si fréquentes au moyen âge et même dans l'antiquité, avaient souvent la même origine et qu'on doit les rapporter à l'action de parfums, d'onctions ou de potions (2), quand elles n'étaient point dues à des accès d'aliénation mentale ou à de simples suggestions.

Homère nous montre Ulysse et ses compagnons débarqués dans l'île d'Æœa (*Odyssée*, chap. x). « Circé les fit asseoir et mélangea pour eux du vin de Pramne, du fromage, de la farine et du miel nouveau. A ce mets elle ajouta des sucs funestes pour leur faire oublier la patrie. Elle leur donna ce breuvage, et ils ne l'eurent pas plus tôt avalé qu'elle les frappa de sa baguette et les enferma dans l'étable à porcs. Ils en ont la tête, la voix, les poils, tout le corps, mais leur intelligence conserve sa force comme auparavant. Elle les enferme malgré leurs larmes, et jette devant eux, pour aliments, des

---

1. *Société médico-psychol.*, séance du 10 mai 1886.

2. C'est là, du reste, l'opinion professée dans l'*Encyclopédie théologique* de l'abbé Migne. *Lycanthropi minime mutantur in lupos, sed mutatos sese credunt in phrenesia. Rara hæc stultitia, sed antea communior, quando sorciarii utebantur quodam linimento* UNGUAM MAGICAM *vocato, quod fiebat succis venenosis et somniferis.* (*Dict. des miracles*, t. II, p. 550, note 682).

glands, des faînes et le fruit du cornouiller, mets habituel des pourceaux qui couchent sur la terre.

Ulysse, mis à l'abri des enchantements de Circé par la vertu de l'herbe appelée *molu* que lui donne Mercure, força Circé à lui délivrer ses compagnons. « Circé traversa le palais, tenant à la main sa baguette, et ouvrit les portes de l'étable, puis elle en fit sortir mes compagnons qui ressemblaient à des porcs de neuf ans. Ils s'arrêtèrent devant nous ; la déesse allant de l'un à l'autre, appliquait sur chacun une drogue (φάρμακον). Aussitôt les poils qu'avait fait pousser le breuvage funeste offert par l'auguste Circé tombèrent de leurs membres et ils redevinrent hommes, mais plus jeunes, plus beaux et plus grands qu'ils n'étaient auparavant. »

Virgile parle d'hommes transformés en loups par la vertu des plantes.

Has herbas, atque hæc Ponto mihi lecta venena
Ipse dedit Mœris : nascuntur plurima Ponto.
His ego sæpe lupum fieri et se condere sylvis
Mœrin, sæpe animas imis excire sepulcris...

EGLOG. VIII.

Quant à Pline, il n'ose y croire : *Homines in lupos verti, rursumque restitui sibi, falsum existimare debemus aut credere omnia quæ fabulosa seculis comperimus* (VIII, 22) (1).

1. Saint Augustin a consacré un chapitre de sa *Cité de Dieu* à l'examen de ces métamorphoses (liv. XVIII, ch. LVIII).
« Dirai-je qu'il faut refuser toute croyance à ces prodiges ?

Quelle que soit l'opinion que l'on ait sur la réalité du sabbat, on ne saurait nier que beaucoup de sorciers n'ont assisté qu'en imagination aux scènes infernales dont ils affirmaient la réalité au milieu même des tortures.

On a composé des onguents avec les substances indiquées par eux et on a constaté que les personnes qui s'en frottaient ne tardaient pas à s'endormir d'un sommeil factice tout agité de rêves conformes à leurs préoccupations et dont ils conservaient le souvenir au réveil ; l'un des épisodes les plus constants de leurs

---

Mais, encore aujourd'hui les témoins ne manqueront pas pour affirmer que de semblables faits ont frappé leurs yeux et leurs oreilles. N'avons-nous pas nous-même, pendant notre séjour en Italie, entendu raconter qu'en certaines parties de cette contrée, des femmes, des hôtelières initiées aux pratiques sacrilèges, célaient secrètement dans un fromage offert à tels voyageurs qu'il leur était loisible ou possible, des substances propres à les transformer soudain en bêtes de somme qu'elles chargeaient de leurs bagages. Cette tâche accomplie, ils revenaient à leur nature ; et toutefois cette métamorphose ne s'étendait pas jusqu'à leur esprit; ils conservaient la raison de l'homme, comme Apulée le raconte lui-même dans le récit ou la fiction de l'Ane d'or, quand un breuvage empoisonné l'a fait devenir âne en lui laissant sa raison.

« Un certain Prœstantius racontait que son père ayant goûté par hasard, dans sa maison, de ce fromage empoisonné, il était demeuré sur son lit comme endormi, mais sans qu'il fût possible de l'éveiller. Revenu à lui-même, quelques jours après, il raconta comme un songe ce qui venait de lui arriver : il était devenu cheval et avait, en compagnie d'autres bêtes de somme, porté aux soldats des paquets de vivres. Le fait s'était passé comme il le racontait, et ce fait ne lui paraissait qu'un songe...

« Ces faits nous sont parvenus non sur l'attestation de gens

songes était le transport à travers les airs (1). Ces onguents, dont Porta et Cardan ont donné des formules (2), différaient un peu suivant les pays, mais ils avaient pour base essentielle des sucs de plantes telles que l'ache, la jusquiame, la ciguë, le pavot, la belladone, la morelle furieuse, l'aconit, la berle, la quintefeuille, l'acorum, la feuille de peuplier combinée avec de la graisse de petits enfants, des débris de momies, etc. (3).

---

quelconques à qui il nous semblerait indigne d'ajouter foi mais d'hommes que nous jugeons incapables de nous tromper. Ainsi, ce que la tradition ou les monuments littéraires nous racontent des prestiges des dieux ou plutôt des démons, de ces métamorphoses habituelles d'Arcadiens en loups et des enchantements de Circé, tout cela a pu se faire de la manière que je viens de dire, si toutefois cela a eu lieu. »

1. PORTA (*Mag. Natur.*, lib. II, cap. 26) et FROMMANN (*Tract. de fascin.*, p 562, 568,569) rapportent que deux sorcières, ainsi endormies, avaient annoncé qu'elles iraient au Sabbat et qu'elles en reviendraient en *s'envolant avec des ailes ;* toutes deux crurent que la chose s'était ainsi passée et s'étonnaient qu'on leur soutînt le contraire. L'une même, en dormant, avait exécuté des mouvements et s'était élancée comme si elle eût voulu prendre son vol.

2. PORTA. *L. c.* — CARDAN. *De subtilitate*, lib. 18. — Voyez aussi WIERUS. *De Præstig.*, lib. II, cap. XXXVI.

3. Voici la recette et la théorie de Cardan :

« La mélisse donne une qualité d'esprit et rend l'homme joyeux en chassant dehors chagrin et riote. Semblablement, mangée après le repas, elle faict les songes joyeux, comme les choux les rendent tristes, comme les phaséoles les rendent turbulents; les aulx et les oignons les font terribles. De ce vient l'opinion d'aucunes femmes qui sont dies *Lamiæ* (on peut les appeler fées), lesquelles nourries du suc de pavot noir, dit opium, de chastagnes, fèves, oignons, choux et de pha-

Paolo Minucci, jurisconsulte de Florence, vivant au XVIIe siècle, André Laguna, médecin du pape Jules III, Bodin, Alciat, le cardinal Cajetan, Pierre Rémy et Gassendi, relatent également dans leurs ouvrages des expériences

---

séoles, semblent, en songeant, voler en diverses et plusieurs régions, et illec estre tourmentées en diverses manières selon la température de chacune. Elles sont aidées contre tel songe d'un onguent dont elles s'oignent tout le corps. Cet onguent, comme on estime, est composé de la gresse de petits enfants tirée hors et prise aux sépulchres, du suc de persil et de réagal, aussi du noir faict de l'herbe quintefueille, dicte pentaphylle. C'est chose incrédible combien et quantes choses ces femmes se persuadent voir: aucunes fois choses joyeuses, théâtres, jardins, pescheries, vestements, ornements, danses, beaux jeunes enfants, et se coucher avec ceux de telle genre qu'elles désirent; elles pensent voir les rois, les magistrats avec leurs satellites, toute gloire et pompe du genre humain, et autres plusieurs choses excellentes, comme l'on voit aux peintures, plus grandes que nature ne peut faire ne donner: au contraire, quelquefois elles pensent voir des choses tristes, corbeaux, prisons, déserts, tourments. Et ceci n'est de merveille, quoiqu'il soit vénéfique, car on peut le réduire aux causes naturelles. — Certainement, j'ay souvent expérimenté l'onguent qui est appelé *populeum* pour les branches de peuplier, appliqué aux artères des pieds et des mains (et est, selon aucuns, appliqué sur le foye et aux artères des temples) provoquer le dormir et montrer songes joyeux en la plus grande partie de ces choses, pour ce que le suc de ces branches et fueilles nouvelles du peuplier réjouit l'esprit et démontre quelques images représentées par la clarté et couleur; car il n'est aucune couleur plus délectable que la verde. »

L'onguent *populeum*, encore en usage dans la pharmacie, se compose de feuilles fraîches de pavot, de belladone, de jusquiame et de morelle, triturées dans l'axonge avec des bourgeons de peuplier récemment séchés; on l'emploie comme topique calmant.

6

faites par eux-mêmes ou en leur présence et qui ne laissent aucun doute à cet égard.

L'effet salutaire de la simple application de métaux sur la peau de certaines personnes affectées de maladies diverses a été constaté aussi depuis l'antiquité. Aristote, Galien, Paul d'Egine, Aëtius, Alexandre de Tralles, Paracelse en ont fait mention. L'or et l'aimant étaient les plus actifs.

Au milieu de ce siècle, le Dr Burg se livra à des études systématiques qui peuvent se résumer dans les trois proportions suivantes :

« L'application de plaques métalliques sur une partie limitée de la surface du corps est capable de faire cesser les paralysies de la sensibilité et de la motilité produites par l'hystérie.

« Le même métal ne convient pas à tous les sujets indistinctement ; mais l'idiosyncrasie particulière à chaque individu exige l'emploi d'un métal spécial, variable par conséquent, mais sans règles déterminées.

« L'emploi, à l'intérieur, du métal, sous forme d'eaux minérales ou de préparations pharmaceutiques, produit les mêmes effets thérapeutiques que par son application à la surface de la peau. »

Naturellement, ces affirmations furent fort discutées ; mais on arriva non seulement à reconnaître que les phénomènes étaient bien objectifs, c'est-à-dire dus à une action propre aux métaux, mais que plusieurs espèces de bois possédaient également des qualités esthésiogènes. D'après les expériences de Benett, Westphall et Dujardin-Beaumetz, c'est l'écorce de quinquina jaune qui viendrait en première ligne et serait même plus actif que les métaux ; puis, le thuya, le bois de rose, l'acajou, le noyer, l'érable et le pommier. Le palissandre, le frêne, le peuplier, le sycomore resteraient sans effet, quelle que soit la durée de leur application.

Schiff et Maggiorani confirmèrent la réalité de ces phénomènes en montrant qu'ils se produisaient également chez les animaux.

Ils les expliquèrent en disant que les divers corps actifs étaient animés de vibrations moléculaires très rapides pouvant se transmettre à l'organisme humain même à travers des substances inertes ou non conductrices de l'électricité, comme la cire, la soie, le caoutchouc, etc.; ils ajoutaient que ces vibrations ne pouvaient avoir d'effet que quand elles se trouvaient en certain rapport avec les vibrations propres à l'organisme souffrant, vibrations extrêmement différentes suivant la nature de la maladie et l'état momentané du malade. D'où il résulte que l'expérience seule peut décider si tel métal ou tel bois sera efficace sur une personne déterminée.

Pour prouver l'influence prépondérante de l'action vibratoire, Maggiorani avait déterminé, chez des hystériques non anesthésiques, une diminution de la sensibilité en mettant en vibration un diapason fixé sur une caisse harmonique en bois, assez grande pour que l'avant-bras et la main puissent y tenir sans toucher la paroi ; Schiff montra que si l'action des métaux ne se produisait qu'au contact ou à une petite distance, celle des aimants pouvait s'exercer jusqu'à une distance de six mètres.

En 1885, MM. les docteurs Bourru et Burot, professeurs à l'Ecole de Médecine de Rochefort, firent faire à la question un pas considérable. Il y avait, à cette époque, à l'hôpital de Rochefort, un jeune soldat de l'infanterie de marine âgé de vingt-deux ans, affligé de crises hystéro-épileptiques à la suite desquelles il était paralysé et insensible de toute la moitié du corps. On eut l'idée d'essayer, pour combattre cette infirmité, l'application sur la peau de plaques métalliques suivant la méthode de Burg. Le zinc, le cuivre, le platine, le fer furent sensiblement actifs, quoique à des degrés inégaux ; mais l'action de l'or fut particulièrement frappante, car non seulement un objet d'or, au contact de la peau, produisait une brûlure intolérable, mais encore, *à une distance de 10 à 15 centimètres, la brûlure était ressentie, même à travers les vêtements, même à travers la main fermée de l'expérimentateur*. Le mercure, *dans la boule d'un thermomètre* approché de la peau, mais sans contact, déterminait de la brûlure, des convulsions et une attraction du membre. Le chlorure d'or, dans un flacon bouché à l'émeri, approché à quelques centimètres, avait une action fort analogue à celle de l'or métallique ; mais, en approchant du sujet un cristal d'iodure de potassium, il se produisit des bâillements et des éternuements répétés. On avait dès lors l'action physiologique connue de l'iodure de potassium irritant la muqueuse nasale. C'était un résultat bien imprévu, et on fut encore bien plus surpris quand on vit l'opium faire dormir, par simple voisinage.

Après plusieurs mois de recherches ininterrompues et de prudente réserve, MM. Bourru et Burot ont eu la bonne fortune de rencontrer un second sujet hystéro-épileptique.. C'était une femme âgée de vingt-six ans, insensible de toute la moitié droite du corps et, par contre, d'une sensibilité excessive à gauche, où le contact ne pouvait être supporté. MM. Bourru et Burot avaient donc entre leurs mains deux sujets à peu près identiques et sur lesquels ils pouvaient établir les expériences de contrôle les plus diverses. Les résultats furent, à peu près, les mêmes chez les deux malades.

Ne craignant plus alors de se compromettre en donnant de la publicité à des expériences hâtives, incomplètes et douteuses, même pour eux, ces observateurs prièrent le directeur de l'École de médecine navale de Rochefort, M. le docteur Duplouy, de vouloir bien assister à une expérience de contrôle. L'expérience fut décisive et concluante. Un flacon contenant du jaborandi, apporté par un assistant et approché du sujet par une autre personne, détermina presque immédiatement de la salivation et de la sueur. Bien plus, un expérimentateur, ayant dans sa poche deux flacons de même grandeur, enveloppés de papier, et voulant mettre le sujet sous l'influence de la cantharide, le vit partir comme s'il était influencé par la valériane ; on constata alors qu'au lieu de présenter le flacon de cantharide, comme il en avait l'intention, il avait présenté le flacon de valériane. Tous les spectateurs furent convaincus.

Depuis ce moment, un des sujets a été transféré à l'asile de Lafond (La Rochelle), où M. le docteur Mabille, directeur de l'établissement, a répété, avec succès, ces diverses expériences.

MM. Bourru et Burot, après bien des tâtonnements et des essais, sont arrivés à fixer la méthode expérimentale à employer. On pourra consulter à cet égard le livre qu'ils ont publié sous le titre : *La suggestion mentale et l'action à distance des substances toxiques et médicamenteuses.* (Paris, Baillière, 1887).

Voici leurs principales constatations :

La substance paraît agir à quelque point du corps qu'elle soit présentée, mais il semble que l'action est plus rapide quand l'application se fait près de la tête et que le sujet est à l'état de veille.

Tous les narcotiques font dormir, mais pour chacun d'eux le sommeil a un caractère propre. Avec l'*opium*, le sommeil est lourd et le réveil ne peut être provoqué ; le sujet, en se réveillant, est fatigué et éprouve de la pesanteur de tête. Avec le *chloral,* il est plus léger et peut facilement se dissiper. La *morphine* détermine un sommeil analogue à celui de l'opium et qui peut être atténué par l'atropine. La *narcéine* produit un sommeil spécial avec salivation ; le réveil est brusque et le regard anxieux. Le sommeil de la *codéine* de la *thébaïne* et de la *narcotine* s'accompagne de convulsions plus ou moins généralisées.

Les vomitifs et les purgatifs ont aussi, dans leurs effets, des différences sensibles. L'*apomorphine* détermine des vomissements très abondants, sans effort, suivis de céphalalgie et de tendance au sommeil. L'*ipéca* produit de la salivation, des vomissements très abondants avec goût spécial à la bouche. L'*émétique* amène surtout des nausées avec état de prostration. La *scammonée* détermine des contractions intestinales appréciables pour l'expérimentateur.

Les alcools ont présenté des actions bien nettes. L'*alcool de vin,* sous ses différentes formes, a toujours donné une ivresse gaie (1) ; l'*alcool de grains,* au contraire, une ivresse furieuse et une véritable scène de rage. L'*al-*

1. Le *champagne* produit une ivresse gaie avec sautillement, excitation génésique et sensibilité extrême pour la musique, surtout chez le sujet femme : un air gai la transporte, un rythme triste la fait fuir.

L'*ammoniaque* suspend ou arrête l'ivresse, suivant la durée de son application.

déhyde a déterminé presque instantanément un état de prostration complète, avec respiration stertoreuse, impossibilité de parler et figure hébétée. L'*absinthe* a donné une paralysie des jambes, et la *chartreuse* une ivresse furieuse qui paraît devoir être attribuée aux essences.

Les essences produisent, en effet, généralement, quand elles sont pures ou concentrées, une grande excitation se manifestant par des contorsions et des grands mouvements avec hallucinations tristes. Ainsi, avec l'*essence de lavande*, c'est un bateau qui va au fond de l'eau ; l'*essence d'anis* donne l'hallucination de saltimbanques que le sujet cherche à imiter. Au contraire, diluées dans l'eau, elles produisent des mouvements plus lents avec hallucinations gaies. Avec l'*eau d'anis*, la femme se met à genoux, les mains en l'air, comme si elle cherchait à saisir un objet ; elle voit un bel oiseau bleu dont elle veut s'emparer. L'*essence de menthe* diluée produit chez la femme une hallucination voluptueuse bien différente de celle de la cantharide, dont nous parlerons plus loin ; c'est une extase amoureuse avec enlacements ; un sommeil très calme et prolongé lui succède.

Les antispasmodiques ont donné des actions bien imprévues. L'*eau de fleur d'oranger*, le *camphre*, se sont montrés de véritables calmants en provoquant un sommeil tout à fait naturel. Le camphre a, en outre, la propriété très caractéristique de dissiper instantanément toute contracture (1).

L'*eau de laurier-cerise* a déterminé chez la femme des phénomènes si surprenants qu'on les a étudiés à plusieurs reprises et analysés dans tous leurs détails. C'est d'abord une extase religieuse, qui commence presque instantanément et qui dure plus d'un quart d'heure. Quelques secondes après l'application de la substance, les yeux regardent en haut, les bras se lèvent très lentement, les mains tendues vers le ciel ; la figure extatique respire la béatitude ; les yeux sont mouillés de larmes. La position change ensuite et est en rapport avec un objet invisible qu'elle ne quitte plus des yeux ; les mouvements sont très lents ; elle tombe à genoux, la tête se fléchit, les mains se rapprochent des lèvres ; elle est dans l'attitude de la prière. Bientôt elle se prosterne en adoration ; elle pleure, la tête touchant à terre. L'expression de la physionomie varie : elle est en rapport avec l'attitude, qui est celle de l'adoration, de la supplication, de la prière et du repentir. Plus tard, elle se renverse en arrière, s'étend à terre, les bras ramenés sur la tête ; en ce moment surviennent des mouvements convulsifs des muscles thoraciques et du dia-

1. Avec un petit flacon de camphre on enlève la contracture d'un muscle en présentant le flacon près de cette partie ; si la contracture est générale on la fait disparaître en promenant le camphre autour de la tête.

phragme ; l'expression de la physionomie est celle de la douleur. Enfin survient un sommeil calme. Quand elle est encore sous l'influence de cette hallucination, on la somnambulise et on lui demande ce qu'elle vient de voir. Elle répond qu'elle a vu Marie, la sainte Vierge, vêtue d'une robe bleue avec des étoiles d'or, les cheveux blonds et une belle figure rosée, si bonne et si douce qu'elle voudrait toujours la voir. Malheureusement, elle n'est pas de sa religion (cette femme est israélite). Marie lui a reproché la vie de désordre qu'elle menait ; elle lui a dit de prier jusqu'à ce qu'elle change de conduite ; elle lui a donné sa bénédiction ; enfin, elle l'a renversée en arrière parce qu'elle était pécheresse. A son réveil, le sujet se moque des personnes qui lui parlent de la Vierge.

Ce tableau a vivement frappé les observateurs. Ils étaient loin de s'attendre à une extase d'ordre religieux chez une fille de mauvaise vie et surtout israélite. Aussi on a répété l'expérience bien souvent, et toujours avec le même résultat, même sur une autre jeune femme qui était simplement hypnotisable.

Tout d'abord on a cru que c'était l'acide cyanhydrique contenu dans l'eau de laurier-cerise qui produisait l'extase.

L'acide cyanhydrique, en solution dans l'eau à faible dose, a déterminé d'emblée des convulsions thoraciques. L'huile volatile de laurier-cerise, diluée dans l'eau, a déterminé immédiatement l'extase sans produire les convulsions terminales ; la vision est la même : c'est toujours la Vierge. L'analyse physiologique de l'eau de laurier-cerise était donc faite ; l'huile essentielle étendue produisait l'extase et l'acide cyanhydrique les convulsions.

Pour compléter cette analyse, il restait à essayer l'*essence de mirbane* ou *nitro-benzine* qui a la même odeur que l'eau de laurier-cerise, mais qui a une composition différente.

L'essence de mirbane, diluée dans l'eau, détermine, chez la femme, des secousses convulsives dans tout le corps ; les yeux sont à demi ouverts. Bientôt on observe un tremblement rythmé du bras droit ; puis le bras se lève, comme si le sujet exécutait un dessin ; la tête se soulève légèrement ; parfois il se produit un léger tremblement du bras gauche. Elle dit qu'elle vient de faire un dessin ; l'hallucination est donc toute différente, bien que l'odeur soit la même.

Chez l'homme, l'eau de laurier-cerise n'a pas déterminé l'extase, mais des convulsions thoraciques presque immédiates, hoquet, salivation et picotement de la poitrine. L'huile volatile de laurier-cerise n'a produit que de l'excitation sans extase. L'essence de mirbane a donné les convulsions des bras avec la même hallucination de la leçon de dessin.

La *valériane*, généralement considérée comme calmant, a produit sur les deux sujets une violente excitation avec phénomènes bizarres analogues à ceux qu'elle produit chez le chat.

Le sujet fait des mouvements de manège avec reniflements bruyants ; il gratte la terre avec les deux mains, fait un trou et cherche à y mettre le visage. Si on cache un flacon de valériane, il le cherche en reniflant ; arrivé près du flacon, il se jette sur lui, gratte la terre et recommence la scène. Le flacon, caché de différentes manières, a toujours été retrouvé ainsi, parfois hors de la volonté de l'expérimentateur.

Des feuilles et des fleurs fraîches de valériane produisent les mêmes effets, mais moins accentués. Le *valérianate d'ammoniaque* de Pierlot n'a produit que le sommeil ou la tendance au sommeil.

La *cantharide* produit d'abord de la somnolence, puis la face des sujets prend un aspect voluptueux et leur corps est animé alternativement de mouvements passionnels de reptation et de rotation différant suivant le sexe. Tous ces mouvements sont très lents et onduleux. Le camphre fait immédiatement cesser l'action de la cantharide, action qui se reproduit si on approche un flacon de cantharide et qui cesse si on approche de nouveau un flacon de camphre.

Quelques mois après, M. le Dr Dufour, directeur de l'asile des aliénés de Saint-Robert (Isère), reproduisait devant moi une partie de ces expériences sur un de ses malades nommé T...

Voici ce qui s'est passé (1) :

« *Effet de l'ipéca.* — Un gramme d'ipéca a été plié dans du papier et placé sur le milieu de la tête de T... ; un chapeau à haute forme l'a recouvert ensuite, pour diminuer les émanations odorantes, autant que possible.

« Au bout de deux minutes, T... est devenu rouge, a accusé un certain malaise, puis des nausées, des régurgitations, et il aurait vomi si on ne lui eût enlevé le paquet d'ipéca.

« Ces malaises ont cessé immédiatement après.

« Dans une expérience précédente, T... avait vomi et était allé à la selle, par l'application successive, sur la tête et le ventre, d'un paquet d'ipéca.

« *Effet de l'alcool.* — Un flacon d'alcool, placé dans les mêmes conditions, a déterminé un malaise général, de l'affaiblissement, de l'hébétude et un état de torpeur manifeste ; le tout cessant presque instantanément après l'enlèvement du flacon.

« *Effet de l'atropine.* — Un paquet d'atropine produit une dilatation légère des pupilles, une sensation de constriction et de sécheresse à la gorge, et un relâchement musculaire général. T... ne peut plus se tenir, l'excitabilité neuromusculaire, les réflexes ont disparu. Il est lucide et répond très bien aux questions. — Il est

1. *Contribution à l'étude de l'hypnotisme.* — Grenoble, 1886.

tout surpris de ce qui se passe en lui et ne s'en rend pas compte.

« *Effet de la valériane.* — Un paquet de racines de valériane, placé sur la tête, sous un fort bonnet de laine pour éviter d'agir sur l'odorat, produit des actions mentales absolument inconcevables.

« Au bout de peu d'instants, T... prend un air étonné, il a le regard fixe, il paraît guetter quelque chose ; si une mouche passe, il la suit des yeux, il quitte même sa chaise pour la poursuivre.

« — Qu'avez-vous ? lui demandons-nous. — Rien. Mais je suis tout drôle, je ne comprends rien à ce qui se passe... Ne bougez pas les pieds, il me vient l'idée de les prendre. — Ses épaules se soulèvent, il fait le gros dos, ses doigts forment la griffe par moments ; puis il se laisse aller à terre, marche à quatre pattes, court sous les lits et les tables ; joue comme un jeune chat, avec un bouchon ou tout objet mobile à sa portée ; il se roule à terre, recule et fait le gros dos, quand on aboie à côté de lui. Pendant quelque temps, il répond, quoique avec peine, aux questions et dit qu'il ne sait pourquoi il agit ainsi, puis il cesse totalement de répondre, pour se concentrer dans son attitude féline.

« Comme le chat, à certains moments, T... lèche sa main et la passe délicatement sur ses oreilles, en les contournant, ou bien il s'assied, les jambes allongées et les mains posées à plat sur le dos. — « Vous voyez bien qu'elles y viennent. » Telle est la seule réponse qu'il nous fait, quand nous lui demandons des explications.

« Si l'on enlève la valériane, ou si, dans sa course sous les lits et les tables, son bonnet tombe, entraînant cette substance, la transformation cesse : T... se relève, tout étonné de se voir à quatre pattes ou couché sous un lit, et ne conserve aucun souvenir de ce qui vient de se passer. Dans le fort de l'action, il est insensible ; on peut le pincer, le piquer, sans le déranger de son attitude.

« Nous reproduisons, chez lui, ces phénomènes à volonté. Placée sous son épais bonnet, la valériane ne donne aucune odeur, appréciable du moins par les personnes qui nous entourent.

« A distance, nous avons constaté qu'elle causait des actions analogues et des scènes plus ou moins comparables à celle que nous venons de décrire. Dans une de nos expériences, la valériane étant dans notre poche, T... a simplement éprouvé la fixité du regard et une certaine inquiétude ; de la tendance à guetter, comme un chat qui observe ; par contre, il s'est manifesté une action dépressive sur les jambes, et il a dû se coucher. Il avait en même temps de la sécheresse à la gorge et un goût particulier. Il lui semblait avoir bu quelque chose ayant une saveur semblable, mais il n'a pu nous en donner le nom.

« Chez Mme C..., l'application de la valériane a coïncidé avec la production d'un vide mental complet : toute idée avait disparu et son faciès, devenu inerte, ressemblait à celui d'un aliéné stupide. Peu après, il s'est produit de la fixité du regard et des contractions spasmodiques, dans les muscles du front, de la face, ainsi que des mouvements cloniques du dos, des membres, un besoin irrésistible de remuer et de faire des grimaces; ce qui contrariait fort la patiente. Tous ces phénomènes ont disparu après l'enlèvement de la valériane, mais il en est resté le souvenir avec une certaine impression de tristesse, que nous avons dissipée par la suggestion, après mise en état de somnambulisme.

« *Effet des feuilles de laurier-cerise.* — Le laurier-rose n'a produit aucun effet. Quant aux feuilles de laurier-cerise, leur application sur la tête a provoqué une explosion de sentiments religieux, absolument contraire aux manifestations habituelles de T..., qui, au point de vue politique, est anarchiste, et athée en religion...

« A peine les feuilles de laurier sont-elles appliquées sur sa tête, que T.... change de physionomie; il devient réfléchi, il regarde les parois de la salle. C'est là, dit il, qu'il faudrait mettre un Christ, montrant un mur nu. Un instant après, il remue les lèvres et dit mentalement un « Notre Père ». — A ce moment il se lève, veut sortir, nous l'engageons à rester et à ne point se gêner pour nous. Il vient reprendre sa place, qu'il quitte bientôt, pour se précipiter à genoux devant le mur dont nous avons parlé; il se frappe la poitrine, joint les mains avec componction, les élève vers le ciel dans une attitude inspirée ; enfin, il se découvre et..., en enlevant sa coiffure, fait tomber les feuilles placées sur sa tête.

« Le phénomène cesse. T... nous regarde d'un air ahuri et cherche à reprendre la conversation qu'il tenait avant l'expérience. — Vous venez de faire votre prière, lui disons-nous. Vous devenez dévot ; c'est votre droit, mais cela nous surprend. — Il réplique par une vigoureuse négation : il a tout oublié et manifeste même des sentiments anti-religieux.

« Nous avons, à plusieurs reprises, reproduit ce singulier spectacle, avec quelques variantes dans son expression scénique. Quelquefois T... fond en larmes, invite l'assistance à se repentir avec lui et à adorer le Seigneur ou la Vierge. Cette dernière a semblé lui apparaître dans une de nos expérimentations.

« Les feuilles de laurier-cerise enlevées, la religion s'en va. Curieux phénomène ! non moins étonnant que celui de la transformation en chat, sous l'influence de la valériane. La conviction des assistants et la nôtre est qu'il faut éloigner toute idée de supercherie de la part du patient, comme toute pensée de suggestion possible, étant données l'ignorance de T... à ce sujet et les précautions prises de ne rien faire, ni de ne rien dire qui puisse produire la suggestion, ou même l'auto-suggestion. »

De mon côté, j'ai fait, sur la plupart de mes sujets, des expériences nombreuses avec la valériane et le laurier-cerise, substances qui présentent les effets psychiques les plus frappants (1).

Valériane

Chez Benoît, la racine de valériane produit peu d'effet, aussi bien à l'état de somnambulisme qu'à l'état de veille.

Il n'en est pas de même de l'essence. A l'état de veille, elle lui suggère l'idée de chat, et c'est tout ; mais, quelque faible que soit le degré d'hypnose dans lequel on l'ait mis, il lui suffit d'en sentir l'odeur pour qu'il se mette immédiatement à marcher à quatre pattes, à miauler et à imiter les diverses allures du chat.

L'effet de l'essence a été également nul sur les autres sujets à l'état de veille. Plusieurs d'entre eux, notamment Mme Vix, commencent, sous son influence, quand ils sont endormis, par prendre le regard fixe ; ils sont inquiets, irritables ; puis ils se baissent peu à peu et finissent par marcher à quatre pattes et à miauler. On hâte cette transformation par une suggestion très faible, comme en leur passant la main

1. Le Dr Luys, M. Décle, le Dr Chazarain, le Dr Pascal, le Dr Thomas se sont occupés surtout des substances médicamenteuses et ont confirmé leur action à distance, *dans les conditions convenables.*

sur le dos ou en agitant un objet quelconque devant leurs yeux. D'autres, quoique extrêmement sensibles d'ailleurs, n'éprouvent rien.

C'est peut-être cette action de la valériane qui a valu au chat la place considérable qu'il tient dans les annales de la sorcellerie (1).

Les sorcières d'Italie passaient pour se transformer en chattes et venir, la nuit, sucer le sang des enfants (2).

La fable de Lafontaine *La femme métamorphosée en chatte* est un dernier écho des croyances du moyen âge.

Laurier.

Des feuilles de laurier-cerise mises sur la tête de Benoît, à l'état de veille, ont d'abord simplement provoqué des idées d'*affection* et de *vénération* ; il pensait à ses parents, aux personnes à qui il devait de la reconnaissance. A mesure que sa sensibilité se développait par l'exercice, les idées devenaient *religieuses* ; il se rappelait sa première communion, il entendait des chants sacrés. Plus tard, l'extase s'est produite par une courte application des feuilles sur le vertex ou par une légère inhala-

1. Bodin, *Démonomanie*, liv. II, ch. vi.
2. *Tractatus de institutione confessorum*, *Antonini archiepiscopi florentini*, etc. Manuscrit du xve siècle, de la bibliothèque de Monteil.

tion d'essence. Enfin, il a suffi, pour l'amener, d'approcher de sa tête une branche de l'arbuste ; en agitant vivement la branche on détermine des coliques. L'action de l'essence de laurier-cerise est devenue trop intense et provoque d'emblée la léthargie si on n'opère pas avec de grandes précautions. C'est un spectacle vraiment frappant que de voir le sujet, rendu semblable à un cadavre par la catalepsie, se précipiter tout à coup à terre, miauler, griffer, puis subitement lever la tête, tourner les yeux vers le ciel et rester en extase et recommencer ensuite ses contorsions félines suivant que l'on passe rapidement sous son nez un flacon d'essence de valériane ou de laurier cerise.

J'ai observé les mêmes effets avec Mme Vix et Mlle Andrée (1).

L'essence de laurier-cerise provoque simplement l'extase chez Gabrielle et des nausées chez Rose ; elle ne produit rien chez les autres.

D'après Plutarque (2), qui était grand-prêtre d'Apollon, quand la pythie de Delphes voulait rendre des oracles, elle s'y préparait par le jeûne, par des ablutions dans l'eau de la fon-

---

1. Dans une séance avec Mlle Andrée, séance à laquelle assistaient le P. Didon et l'ingénieur Denayrouse, un des assistants dit plaisamment en parlant du flacon de laurier-cerise, que c'était de la sainteté en bouteille.

2. *Pyth. orac.*

taine Castalie et par des fumigations obtenues en faisant brûler du laurier et de la farine d'orge ; puis elle pénétrait dans l'antre sacré, revêtue de son costume de cérémonie, buvait de l'eau de la source Cassotis, mettait une feuille de laurier à sa bouche et, tenant à la main une branche du même arbuste, elle montait sur le trépied. C'est là que, saisie par le Dieu et enivrée, dit on, par les vapeurs qui sortaient des fentes du roc ouvertes au dessous d'elle (1), elle tombait en extase et répondait aux questions qu'on lui posait.

Le scholiaste d'Aristophane (2) accuse d'une manière plus nette encore le rôle prépondérant joué par le laurier dans la production de l'éréthisme nerveux de la prêtresse, en ajoutant qu'elle secouait les lauriers qui se trouvaient près du trépied, et en énumérant les guirlandes et les couronnes de même nature prodiguées autour d'elle.

L'oracle de Thèbes était desservi par des jeunes garçons, les *Daphnéphores*, qui portaient des branches de laurier dans les cérémonies sacrées.

On admettait, du reste, dans toute l'Antiquité, qu'une branche de laurier placée, pendant le sommeil, près de la tête, procurait des

---

1. On peut lire, dans les *Homélies* de saint Jean Chrysostome (ch. XXIX), de quelle manière la pythie s'asseyait sur le trépied pour que la vapeur sacrée s'introduisît bien dans son corps.

2. *Plutus*, 39, 213.

songes heureux (1). Certains devins portaient le nom de *Daphnéphages*, parce qu'ils se procuraient des visions prophétiques en mâchant des feuilles de laurier (2).

Virgile nous dit (3) qu'à Délos la voix prophétique d'Apollon fut précédée par le tremblement du laurier sacré. « Fils d'Ilus, sage interprète des Dieux, — ajoute-t-il plus loin — vous que ne trompent ni le trépied sacré ni les lauriers de Claros (4). »

En Syrie, dans le bourg de *Daphné*, existait un autre oracle célèbre du même dieu, avec une source appelée Castalie comme à Delphes. Saint Eustache, évêque d'Antioche au IVe siècle, qui nous a laissé un *Traité sur la pythonisse*, rapporte (X, 12) qu'un souffle sortait de l'eau en bouillonnant, secouait le laurier et jetait les assistants dans le délire. L'empereur Adrien, n'étant encore que simple particulier, vint consulter cet oracle en trempant dans l'eau une feuille de laurier qu'il retira couverte d'écriture (5).

Le nom même de laurier (*Daphné*) désignait parfois la *divination* chez les Grecs ; dans les poètes latins on trouve accolées à ce nom les épithètes de *faticida*, *venturi prescia*.

---

1. Tibulle. *Eleg.* — Fulg. *Myth.*, I, 13.
2. H. Estienne. *Thesaur ling. Græc.*
3. *Enéide*, III, 90-93.
4. *Enéide*, III, 360.
5. Sozom. *Hist. ecclés.*, V, 19.

Suivant les uns, la fille du devin Tirésias s'appelait *Manto* ou *Daphné*. « Elle ne fut pas moins savante que son père dans la mantique (1), et elle y fit de grands progrès dans son séjour à Delphes. Douée d'un talent merveilleux, elle rédigea un grand nombre d'oracles avec un soin tout particulier (2). »

Suivant les autres, Gœa (la Terre) avait pour interprète la nymphe *Daphné* ou Daphnis, sa fille, qui s'était changée en laurier, par la grâce de sa mère, dans les bras amoureux d'Apollon (3), le dieu de l'inspiration et de la médecine.

C'est donc bien comme *inspirateur*, et non comme purificateur, ainsi qu'on l'a dit quelquefois (4), que l'on faisait infuser le laurier dans l'eau des lustrations.

Il reste à savoir quelle était l'espèce de laurier dont parlent les anciens.

Les ouvrages de botanique indiquent généralement le laurier-sauce comme le laurier d'Apollon ; mais j'ai vainement recherché sur quoi était fondée cette opinion. D'autre part M. Foucart, directeur de l'école d'Athènes, m'écrit que le laurier-rose est très abondant en Grèce et que très probablement il n'y en

1. La *Mantique* était l'art de deviner l'avenir. D'après Platon, le mot *mantis* dérive de *mania* signifiant *délire* ou *fureur*.
2. Diod. Sic. IV, 66.
3. Pausan. X. 5. 5.
4. Boucher-Leclercq, *Hist. de la div.*, III, 4.

a jamais eu d'autre à Delphes. Nos expériences tendent à démontrer que ce n'étaient ni l'un ni l'autre, mais bien le laurier-cerise qui jouissait des propriétés attribuées à l'arbuste divin, car le laurier-sauce n'a produit aucun effet sur Benoît, même en mâchant les feuilles. D'autre part, MM. Bourru et Burot font observer que c'est précisément parce que le laurier-rose est fort abondant en Grèce qu'il n'était pas la plante sacrée. « Comme emblème divin, on ne choisit pas un objet vulgaire. Les Gaulois, nos ancêtres, recherchaient le gui de chêne, extrêmement rare, et dédaignaient le gui du pommier qui est très commun. De même, pour leurs cérémonies religieuses, les Grecs pouvaient tirer de la mer Noire le laurier-cerise qui n'existait pas sur leur sol. »

Plantes diverses.

J'ai également expérimenté l'action de contact exercée par certaines autres plantes qui passent pour avoir joué de tout temps un rôle dans la sorcellerie.

Ces plantes, enfermées dans des sacs en papiers d'apparence identique, ont été placées sur la tête de Benoît mis en somnambulisme.

Quelques-unes ont donné des effets constants et bien nets (1).

---

1. J'ai répété les expériences quinze ou vingt fois pendant

Ainsi l'*origan blanc* (1) a toujours provoqué la gaîté surtout dans les souvenirs et les projets. De même l'écorce du *bois-gentil* (2) qui poussait surtout à la loquacité. Le *bouton d'or* (3) amenait le rire.

La *sauge* porte Benoît à la tristesse (4) ; le *safran* lui donne de l'appétit. Sous l'influence de la graine d'*ellébore* (5), il distribue des conseils aux uns et aux autres et se trace à lui-même un plan d'existence. La *mélisse* a produit tantôt la gaîté, tantôt la tristesse.

Je n'ai point reconnu d'action différente pour toutes ces plantes suivant qu'on les présentait à droite ou à gauche de la tête du sujet, ains

---

l'été de 1886 et j'ai toujours obtenu les mêmes résultats. En janvier 1887, j'ai voulu vérifier quelques détails et je n'ai plus obtenu aucun effet, probablement parce que les plantes dont je me servais étaient desséchées ; l'action des essences et des plantes fortement odorantes comme le thym est, en effet, restée la même.

1. L'*origan* ou *dictame de Crète* passait chez les Grecs pour guérir merveilleusement les blessures. On racontait que sa puissance avait été révélée à l'homme par les chèvres blessées qui, instinctivement, allaient brouter cette plante.

2. Le *bois-gentil* est le *daphné mezereum* des botanistes et probablement le *smilax taxus* des latins.

3. Le *bouton d'or* de nos pays est une renonculacée de la famille de l'*herbe sardonique* à laquelle les anciens attribuaient le pouvoir de provoquer le rire. Ce nom de *sardonique* provient de ce que l'herbe est très commune en Sardaigne, et c'est par extension qu'il a été appliqué à une espèce de rire.

4. La *sauge* passait, chez les Égyptiens, pour donner la fécondité aux femmes.

5. On sait que les anciens donnaient cette plante en breuvage pour guérir la folie.

que l'a indiqué M. Luys dans une communication faite à la Société de Biologie.

La *graine de jusquiame* a provoqué la gaîté ; la *racine*, d'abord la tristesse puis la colère.

Les anciens donnaient à une variété de ce végétal le nom de *fève de porc*, parce que les porcs, quand ils en mangent, sont saisis d'une sorte de fureur que la mort suivrait bientôt s'ils ne couraient se jeter dans l'eau (AELIANUS, *Varia Hist.*, I. VII).

On trouve dans le *Dictionnaire de médecine* de l'Encyclopédie méthodique (tome VII, art. *Jusquiame*) un certain nombre d'anecdotes prouvant que la jusquiame provoque bien la colère. La plus saillante est celle de deux époux qui vivaient depuis longtemps dans la plus parfaite harmonie : il arriva un jour qu'ils se querellèrent dans la chambre où ils travaillaient ensemble ; ils eurent de fréquentes envies de se battre. Au sortir de leur travail, ils se regardèrent honteux et confus de leurs emportements. Le lendemain et les jours suivants, mêmes dispositions à la rixe ; ils ne pouvaient rester une demi-heure dans cette chambre sans s'invectiver, se menacer. Les émanations qui s'échappaient d'un paquet de graines de jusquiame, placé près d'un tuyau de poêle, étaient la cause de ces querelles journalières.

Debay (1) rapporte que deux individus ayant

1. *Les parfums et les fleurs*, p. 137.

respiré la fumée de graines de jusquiame que faisait brûler un pharmacien de Dresde, furent atteints, l'un d'aliénation mentale, l'autre de délire furieux, pendant plusieurs jours.

Les odeurs et les gaz ont eu des effets pouvant être attribués soit à leurs vertus particulières, soit aux souvenirs qu'ils éveillent (1).

---

1. D'après Josèphe (*Ant. Jud.*, VIII, 25). Dieu avait livré au roi Salomon les secrets du monde physique, afin qu'il apprît aux hommes à s'en servir pour le soulagement de leurs douleurs et contre les attaques des démons. Il avait composé à cet effet des recettes contre les diverses maladies et laissé par écrit des formules qui conjuraient les démons et arrêtaient leurs importunités. « Ces exorcismes sont encore en grand usage parmi nous, dit l'historien juif, et j'ai vu moi-même un certain Eléazar, de notre nation, guérir plusieurs possédés, en présence de Vespasien, de ses fils, de ses officiers et de son armée. Voici comment procédait cet homme : *il plaçait sous le nez du démoniaque une bague dont le chaton contenait une racine désignée par le grand roi et cette odeur forçait le démon à sortir par les narines de l'homme qu'il possédait ;* puis il adjurait l'esprit mauvais, en récitant des formules dues à Salomon, de ne plus revenir. Voulant montrer encore mieux aux spectateurs la puissance de son art, il faisait mettre à quelque distance un vase plein d'eau et commandait au démon de le renverser en signe de sa sortie. »

Un magnétiseur de Lyon, M. Bouvier, traite et guérit souvent des malades présentant tous les symptômes des démoniaques. Je l'ai vu, après avoir vainement ordonné à l'*Esprit* de se retirer, placer de force, sous le nez du possédé, des roses ou d'autres fleurs dont le parfum semblait le faire souffrir assez violemment pour triompher de sa résistance.

A Didyme, avant de prophétiser, la prêtresse de l'oracle des Branchides respirait longtemps la vapeur qu'exhalait une fontaine sacrée (Jamblique. *Des mystères...* ch. xxv). L'oracle des Colophoniens, à Claros, était rendu par un prêtre qui s'y pré-

Le *gaz hilarant* (protoxyde d'azote) amène une bruyante hilarité, même à des doses infinitésimales, puisqu'il a suffi d'approcher du sujet l'éprouvette sans la déboucher ou après l'avoir vidée.

En faisant brûler de la *myrrhe*, on fait naître des sentiments d'admiration; la fumée du *benjoin* et surtout de l'*encens* provoquent très rapidement l'extase religieuse. On obtient également l'extase en projetant quelques graines de *coriandre* sur un morceau de fer chaud.

L'essence d'*angélique* porte aux idées gaies; celles d'*anis*, de *thym*, de *girofle* et de *rose*, aux idées amoureuses; celles de *lavande* et de *cannelle* ont produit la répulsion; celle de *jasmin* et de *menthe* ont réveillé le sujet (1).

L'essence de *vulvaria*, qui sent le poisson, a fait penser Benoît à la pêche; celle de *Portugal* aux punaises.

J'ai essayé, à plusieurs reprises, de voir ce que produiraient diverses autres substances à

---

parait en buvant de l'eau d'un bassin que renfermait la grotte d'Apollon et qui, au dire de Pline, était vénéneuse (*Hist. nat.*, liv. II, ch. v.).

Dans les hymnes attribuées à Orphée, un parfum particulier est assigné à l'évocation de chaque divinité.

Porphyre, Jamblique et Proclus insistent dans leurs œuvres sur l'efficacité de certains parfums pour favoriser la divination, c'est-à-dire l'hypnose lucide.

1. La plupart de ces effets, surtout ceux des fumées et des gaz, se produisent également à l'état de veille.

proximité de la tête, mais je n'ai réussi que rarement.

Un jour, Benoît, mis en état somnambulique, a senti le goût de la chartreuse, quand on lui a approché de la nuque un flacon de cette liqueur ; une autre fois, on a provoqué des nausées en approchant également de la nuque un petit paquet d'ipécacuana, à son insu et au mien (1), pendant qu'il était éveillé.

Diamant, or, étain.

J'ai constaté sur tous les sujets susceptibles d'extérioriser leur sensibilité (2) que l'*or* et surtout le *diamant* déterminaient une sensation de violente brûlure quand on approchait ces substances soit d'une couche de la sensibilité extériorisée quand ils étaient en état d'hypnose, soit de leurs points hypnogènes quand ils étaient à l'état de veille (3). L'*étain* produit au con-

---

1. Dr Dufay. *Compte rendu de la réunion de la Société des Médecins de Loir-et-Cher, le 3 juin 1886*, p. 35.

2. Les expériences que j'ai relatées précédemment ont été faites par moi avant que je connusse le phénomène de l'extériorisation de la sensibilité. Il est probable qu'on arriverait aujourd'hui à des constatations plus précises en plaçant les substances à essayer contre les zones sensibles ; mais, lancé dans d'autres recherches, je n'ai pas eu le loisir de revenir sur celles-ci.

3. La plupart des bons sensitifs possèdent sur certaines parties du corps, tels que les plis du poignet, du coude et de l'aine, des points qui, à l'état de veille, sont insensibles. Ce sont

traire une sensation de froid et calme la brûlure causée par l'approche de l'or.

De tout ce qui précède il résulte que :

1° L'introduction dans l'organisme, par la digestion, par l'inhalation ou par la simple application sur la peau, de particules extrêmement ténues de certaines substances peut déterminer la suractivité de tel ou tel centre cérébral présidant soit aux mouvements soit à l'idéation ;

2° Les mêmes actions pouvant se produire à distance sur quelques sensitifs, nous sommes en droit de supposer que ces substances agissent sur le cerveau à l'aide de vibrations se propageant dans un milieu autre que l'organisme charnel ;

3° Il est extrêmement probable que c'est par

---

ces points qu'on considérait autrefois comme les empreintes de la griffe du diable et dont la constatation était regardée comme la preuve la plus convaincante du crime de sorcellerie. On a reconnu, de nos jours, que la pression de ces points déterminait le sommeil hypnotique et on les a appelés *points hypnogènes*. J'ai découvert en outre qu'ils présentaient, à l'état de veille du sujet extériorisable, les mêmes propriétés que le reste du corps à l'état d'hypnose, c'est-à-dire qu'insensibles à la surface de la peau, ils présentaient à l'extérieur des zones sensibles. Ce sont comme des trous du corps physique par où rayonne constamment le corps astral.

J'ai remarqué que quelquefois les sensations précédemment énumérées n'étaient pas perçues lorsque le sensitif dirigeait son attention d'un autre côté. C'est le même phénomène que pour les sens ordinaires : on ne voit que ce que l'on regarde, on n'entend que ce que l'on écoute, etc.

un processus analogue que les vibrations musicales agissent sur les centres cérébraux moteurs de certains sujets et déterminent leur mimique.

Comme dans la nature il n'y a pas de sauts brusques, on retrouve chez tous les hommes, à des degrés divers, les phénomènes observés chez les sensitifs qui servent, pour ainsi dire, de verres grossissants et sont des instruments incomparables pour l'étude de la psychologie et de la physiologie.

LA LÉVITATION DU CORPS HUMAIN

I

On désigne aujourd'hui sous le nom de *lévitation du corps humain* le phénomène qui consiste dans le soulèvement d'un corps vivant sous l'action d'une force encore indéterminée, soulèvement qui va jusqu'à produire une suspension plus ou moins longue dans l'air sans aucun contact avec le sol.

J'ai publié en 1897 une brochure (1) où étaient relatés plus ou moins sommairement les cas que j'avais pu recueillir. J'ai cité, d'après les histoires ecclésiastiques, plus de soixante saints ou bienheureux chez qui le phénomène se reproduisait fréquemment. On en trouve également de nombreux exemples chez les mystiques

1. Paris, Leymarie. 1 vol. in-8° de 40 pages avec gravure.

de l'Orient, comme chez ceux de l'Occident (1). De nos jours, on a pu l'observer avec toutes les garanties désirables chez certains médiums ; moi-même j'en ai été témoin deux fois (2). Le fait peut donc être considéré comme cer-

---

1. « Maximin, dans l'ivresse de la joie que lui procurait son avancement, ne pouvait plus se tenir en place et se croyait sans doute la faculté des Brahmanes pour marcher en l'air, car il semblait que la terre ne fût plus digne de le porter ». (AMMIEN MARCELLIN. *Histoires* : règne de Valentinien, année 730).

D'après Philostrate (Vita Ap.), Apollonius de Tyane avait vu les Brahmanes flotter dans l'air. Carl du Prel dit, dans sa *Physique de la Magie* (T. II, ch. VII) qu'il eut l'occasion en 1856 de voir Marie Mœrl ; elle était agenouillée en prière, sur son lit, mais on pouvait passer la main au-dessous de ses genoux.

J'ai connu moi-même, dans ma jeunesse, une sainte femme qui habitait le village de Coux, près de Privas, dans l'Ardèche ; elle jouissait de facultés extraordinaires dont j'ai récemment fait un exposé sommaire dans les *Annales des sciences psychiques*. Une dame de mes amies qui était très liée avec elle les a décrites en détail dans des mémoires inédits dont j'extrais ce qui suit : « Victoire passa auprès de moi plusieurs heures. Tout en me parlant des grâces que Dieu et la Sainte-Vierge lui accordaient, je la vis avec un profond étonnement rester les yeux fixes mais animés et s'élever peu à peu de dessus la chaise où elle était assise, étendre les bras en avant, ayant le corps penché dans cette même position et demeurer ainsi suspendue, sa jambe droite repliée sous elle, l'autre ne touchant à terre que par l'orteil. C'est dans cette position impossible à toute personne dans un état naturel, que j'ai vu Victoire toutes les fois qu'elle était dans ses moments de ravissements extatiques alors que j'avais le bonheur de l'avoir très régulièrement deux fois par semaine près de moi qui était alors sa presque seule amie. Elle prenait deux ou trois extases pendant ses visites qui duraient de 10 à 15 ou 20 minutes l'une. Je l'ai vue en cet état plus de mille fois, surtout pendant les six premières années de notre connaissance. »

2. Voir la brochure citée ci-dessus, p. 68 et 82.

tain ; l'explication reste seule à trouver. Tantôt on pourrait l'attribuer à une simple force physique se développant dans l'organisme du *sujet* sous l'influence de causes morales et agissant comme un courant magnétique ou odique qui repousse un courant semblable existant dans le sol (1); tantôt il semble dû à une entité intelligente et invisible qui soulève le sujet, comme le ferait un homme ordinaire.

De nouveaux documents m'étant parvenus, il m'a paru utile d'en faire connaître les principaux à ceux que cette question intéresse. Ce n'est en effet que par l'examen comparatif des circonstances dans lesquelles se sont produits ces phénomènes qu'on pourra essayer d'en déduire une théorie. Ils sont du reste si étranges par eux-mêmes que la multiplicité des témoignages parviendra seule à en faire admettre la réalité.

Mais, a dit Herschell (2), « les yeux du parfait observateur doivent toujours être ouverts pour ne laisser passer aucun phénomène en opposition avec les théories régnantes ; car tout

---

1. M. Derôme a publié, en 1900, dans LA NATURE (1re sem. p. 202), un article intitulé : *La bouteille de Leyde et la prévision du temps.* Il y relate diverses expériences prouvant que le poids d'une bouteille de Leyde indiqué par une balance hydrostatique à l'un des plateaux de laquelle elle est suspendue, peut augmenter de plusieurs décigrammes quand on l'électrise, et que cette augmentation de poids est d'autant plus forte que l'air est plus humide.

2. *Einleitung in das Studium der Naturwissenschaft*, 105.

phénomène de ce genre marque le début d'une nouvelle théorie. »

II

On sait que les sorcières passaient pour avoir une légèreté surnaturelle qu'on constatait soit par l'épreuve de l'eau, soit par celle de la balance (1).

Pour la première épreuve on liait la malheureuse avec des cordes et on la jetait à l'eau. Si elle surnageait, elle était déclarée coupable et on la brûlait ; si elle enfonçait, elle était reconnue innocente et se noyait.

Pour la seconde épreuve on plaçait l'accusée dans un des plateaux d'une balance dont l'autre plateau supportait une Bible. D'après Bodin, il était admis que toute personne plus légère qu'une Bible d'église était adepte de Satan.

Chez les Cambodgiens, on soumet également la femme accusée de sorcellerie à l'épreuve de l'eau. « On la jette au fleuve ; si elle enfonce elle est proclamée innocente et remise en liberté ; si elle surnage, c'est qu'elle est soutenue par des démons. Dans ce dernier cas, on la saisit et on la livre au juge. » (LECLERC, *la Sorcellerie chez les Cambodgiens*) (2).

---

1. On sait aussi qu'elles prétendaient aller au Sabbat en s'envolant à cheval sur un bâton.

2. *Revue scientifique* du 2 février 1895.

Le Dr Kerner rapporte que, quand la Voyante de Prévorst qu'il soignait était en trance et qu'on la mettait au bain, « on voyait ses membres, sa poitrine et la partie inférieure de son corps émerger involontairement de l'eau en vertu d'une étrange élasticité. Les personnes qui la soignaient faisaient tous leurs efforts pour maintenir son corps sous l'eau et ne pouvaient y parvenir ; si, à ce moment, elle était tombée dans une rivière, elle n'aurait pas pu s'y enfoncer plus qu'un morceau de liège. » (1)

La somnambule du Dr Koreff qui ne savait pas nager se maintenait très bien sur l'eau à l'état de somnambulisme ; elle s'y trouvait comme dans son élément et manifestait une joie excessive. Il en était de même d'une somnambule du Dr Despine qui restait à plat sur l'eau comme une planche (2). En Irlande un garde-côte remarqua, un jour, un individu nageant dans la mer ; un canot sortit et alla recueillir le nageur. On reconnut en lui un somnambule qui avait nagé ainsi à une distance du rivage d'un mille et demi (3).

Le Dr Henri Goudard a étudié les *Annales des sciences psychiques* (année 1895) le cas d'une jeune Américaine, miss Abbott, qui vint

---

1. Kerner. *La voyante de Prévost*. Paris, Leymarie, 1900, p. 35.
2. Pigeaire. *Électricité animale*, 27.
3. Brierre de Boismont. *Des hallucinations*.

en 1892 donner à Paris des représentations. Elle pouvait se rendre lourde ou légère à volonté et communiquer cette propriété à d'autres personnes. C'est ainsi qu'elle soulevait de terre, en la prenant entre ses deux mains ouvertes, sans pression, une chaire chargée de 5 personnes groupées de manière à ne pas toucher le sol. Cette jeune fille était toute petite et pesait, dans son état normal, 45 kilos. Quand elle voulait se livrer à ses exercices, elle se tenait immobile pendant un instant ; le regard fixe dans l'espace ; tout à coup un éclair semblait passer dans ses yeux, une secousse à peine perceptible agitait son corps et elle entrait dans une sorte de trance où elle restait en relation avec le milieu ambiant.

La *Revue d'études psychiques* de M. César de Vesme parle (1) d'un cas analogue qui aurait été observé tout récemment aux États-Unis. Il s'agirait d'une fillette âgée de douze ans appelée Stella Lundelius, et fille d'un photographe d'origine suédoise établi à Port-Jervis. Depuis sa plus tendre enfance elle jouissait de la faculté d'accroître à volonté le poids apparent de son corps. Pour produire le phénomène, Stella appuie le bout du doigt sur le poignet, le front ou le cou de l'expérimentateur ; alors, plusieurs hommes en unissant leurs efforts ne parviennent pas à la soulever de terre, bien que nor-

1. N° de Février 1903.

malement elle ne pèse pas plus de 30 kilos. Ces expériences ayant fait du bruit, M. Lundelius fut invité à amener sa fille à New-York pour y être étudiée par un comité de médecins. Après de longues et minutieuses expériences le comité a fait un rapport détaillé dans lequel il conclut à la réalité du phénomène et propose pour explication la différence maintes fois constatée entre le « poids vif » et le « poids mort ». Il cite comme exemples le fait du cavalier qui se fait plus léger sur son cheval et celui du soldat qui, porté sur un brancard à l'hôpital, se laisse aller et devient si pesant que ses camarades protestent et lui demandent de se faire moins lourd.

« André Mollers cite une femme qui vivait en 1820 et qui, se trouvant en état magnétique, s'enleva soudain de son lit dans l'air, en présence de nombreux témoins et plana dans l'espace à la hauteur de plusieurs mètres, comme si elle allait s'envoler par la fenêtre. Les assistants prièrent Dieu et elle redescendit. — Horst, conseiller privé, parle d'un homme dans les mêmes conditions qui, en présence de plusieurs témoins respectables, s'éleva en l'air, plana au-dessus des têtes des personnes présentes, de telle sorte qu'ils coururent derrière lui afin d'éviter qu'il ne se blessât lorsqu'il retomberait » (1).

« L'empereur François, époux de Marie-Thérèse, avait à sa cour un médium nommé Schindler

---

1. KERNER. *La Voyante de Prévorst*, chap. VII.

qui possédait l'art de s'élever à volonté dans les airs sur commande. Le monarque fit un jour enlever le grand lustre de l'une des hautes salles de la Burg de Vienne, et, au crochet resté dans le plafond fut suspendue une bourse contenant 100 ducats ; ils devaient être la rémunération de Schindler s'il était capable de décrocher cette bourse sans échelle. Aussitôt il se mit à l'œuvre ; il fut saisi de convulsions épileptiformes, se démenant des bras et des jambes et finalement l'écume aux lèvres et avec un tremblement général, s'éleva lentement dans les airs. Il réussit à saisir la bourse ; après quoi son corps s'étendit horizontalement comme pour se reposer et descendit lentement en planant » (1).

Le célèbre médium anglais Eglington a raconté lui-même, dans le n° du 24 juin 1886 du journal *le Médium*, une lévitation qu'il subit au cours d'une séance à la cour de Russie.

« Après le thé, on passa dans une chambre où prirent place, en se tenant par la main, l'Empereur, l'Impératrice, le grand-duc et la grande-duchesse d'Oldenbourg, le grand-duc et la grande-duchesse Serge, le grand-duc Wladimir, le général Richter et le prince Alexandre d'Oldenbourg. Les lumières furent éteintes et les manifestations commencèrent ; la plus frappante fut une voix qui s'adressa en russe

1. Brabbée. *Sub rosa*.

à l'Impératrice et causa avec elle pendant quelques instants. Une forme féminine fut aperçue entre le grand-duc Serge et la princesse d'Oldenbourg, mais elle disparut bientôt... Je commençai alors à *m'élever dans l'air*, tandis que l'Impératrice et la princesse d'Oldenbourg continuaient à me tenir la main. La confusion devint indescriptible lorsque, m'élevant de plus en plus haut, mes voisines durent monter sur leurs chaises afin de me suivre. Cette idée qu'une Impératrice était obligée de poser ainsi à l'antique, au risque de se blesser, était peu propre à maintenir l'équilibre mental du médium et je demandai plusieurs fois qu'on levât la séance. Mais ce fut inutilement et je continuai à monter jusqu'à ce que mes deux pieds touchassent deux épaules sur lesquelles je m'appuyai et qui étaient celles de l'Empereur et du grand-duc d'Oldenbourg, ce qui fit dire à l'un des assistants : « C'est la première fois que l'Empereur se « trouve sous les pieds de quelqu'un. » Lorsque je fus redescendu, la séance fut terminée. »

Le *Journal de Francfort*, du 6 septembre 1861, contient l'entrefilet suivant, emprunté au *Gegenwart*, de Vienne :

« Un prêtre catholique entretenait, dimanche dernier, dans l'église Sainte-Marie à Vienne, ses auditeurs de la protection constante que prêtent les anges aux fidèles commis à leur garde, et cela dans un langage plein d'exaltation et d'images avec une onction et une éloquence qui touchaient profondément le cœur des nombreuses dames et jeunes filles réunies autour de lui. Dès le commencement du sermon, une jeune fille d'une vingtaine d'années manifestait tous les signes de l'extase, et bientôt, dit un témoin oculaire, les bras alternativement croisés ou élevés vers le ciel, les yeux fixés sur le prédicateur, elle fut aperçue de tout le monde se *soulevant peu à peu de terre et demeurant à plus d'un pied du sol jusqu'à la fin du sermon*. On assure que le même phénomène s'était produit quelques jours avant, au moment où cette jeune personne recevait la communion. »

Miss Cook, le célèbre médium qui a servi aux séances de matérialisation chez M. Crookes, raconta, en 1872, dans une lettre adressée à M. Harrisson, qu'en 1870, étant alors âgée de 14 ans, on la mena à une séance de spiritisme parce qu'elle voyait et entendait souvent des esprits invisibles pour tout le monde. Après plusieurs mouvements et lévitation de la table, « une communication par coups frappés nous fut donnée, disant que si on voulait faire l'obscurité, je serai portée autour de la chambre. J'éclatai de rire, ne croyant pas que cela fût possible. On éteignit la lampe, mais l'obscurité n'était pas complète, car il entrait de la lumière par la fenêtre. Bientôt, je sentis que l'on me prenait ma chaise. Je fus soulevée jusqu'au plafond. Tout le monde a pu me voir en l'air. J'étais trop effrayée pour crier, et je fus portée au-dessus de la tête des assistants et déposée sur une table, à l'extrémité de la chambre. Ma mère demanda alors si nous pouvions avoir des phénomènes chez nous. La table répondit « oui », que j'étais un médium. »

M. l'abbé Petit, que beaucoup de mes lecteurs ont sans doute connu chez la duchesse de Pomar, m'écrivait récemment :

« Ce qu'il importe de déterminer dans tous ces phénomènes, c'est la cause qui les produit. Cette cause étant complexe, comme tous les agents de cette nature, doit être étudiée par le sujet lui-même en même temps que par l'opérateur si le phénomène est produit par un médium étranger ; dans le cas contraire, c'est que le sujet est plus ou moins médium et c'est pour lui un devoir d'étudier ses sensations, autant qu'il en est capable.

« En ce qui concerne la lévitation, je l'ai éprouvée de deux manières différentes dans une église : une fois, c'était un simple soulèvement que j'attribue à la dilatation du corps astral ; une autre fois, il y a eu transport.

« J'ai ressenti, dans le premier cas, un fourmillement intense dans les mains et les pieds avec la sensation d'une force qui s'échappait ; dans le second cas, la sensation était toute différente, il me semblait qu'une force *étrangère* m'attirait vers l'autel (1).

« Je pense que, dans le cas de transport, la force médianimique du sujet se soude à une force supérieure qui l'entraîne. Si la frayeur ne m'avait saisi, si je ne m'étais pas débattu, je serais probablement passé par-dessus la grille du sanctuaire. Ma frayeur a été si grande que j'ai failli en être malade...

« Il m'en coûte de parler de moi, je ne le fais qu'avec répugnance ; mais il serait à désirer que les personnes à qui surviennent, accidentellement ou non, quelques phénomènes de cette nature, en fissent l'aveu en toute sincérité. Cet aveu est très pénible ; aussi *la plupart s'en cachent avec soin* pour ne point s'attirer la réputation d'hallucinés ou de visionnaires, épithètes toujours désagréables.

« En tous cas, aucun de ces phénomènes n'est miraculeux. Rien dans ces faits, qui échauffent malheureusement les imaginations, n'est produit en dérogation aux lois de la nature, mais tous relèvent d'une loi supérieure, qu'on finira par formuler. Il faudra sans doute encore de nombreuses expériences avant d'arriver à ce résultat. Ce qu'il y a de déconcertant, c'est que les meilleures théories sont tout à coup boule-

1. Le curé d'Ars racontait que le démon le soulevait quelquefois dans son lit. On prétend qu'Eugène Vintras, le soi-disant prophète qui vivait à Tilly il y a une cinquantaine d'années, s'élevait de terre devant témoins lorsqu'il priait.

versées par un facteur inconnu qu'il est impossible de déterminer. »

L'Écho du Merveilleux a publié, dans son numéro du 15 mars 1899, sous la signature de M. Gustave Ferrys, le compte rendu d'expériences faites récemment dans un cercle très restreint.

Le médium était une petite fille de 12 ans, nommée Jane, très bien constituée, bien portante et parfaitement élevée. Son état paraît rester toujours normal pendant les manifestations et suivant une observation déjà faite souvent, elle n'est pas la seule à fournir des éléments de force ; pour que les phénomènes se réalisent les membres du cercle doivent être toujours les mêmes et se placer dans un ordre déterminé.

Ces phénomènes comportent des déplacements d'objets sans contact, des apparitions lumineuses et des matérialisations qui sont hors de notre sujet. Je me bornerai à reproduire ici les parties du compte rendu qui a trait aux lévitations du médium.

« Jane est debout sur la petite table. Mes deux mains effleurent sa robe un peu au-dessous des aisselles ; les trois autres assistants soutiennent les bras horizontaux du médium en touchant seulement les avant-bras. Sur notre demande, le médium est enlevé de dix centimètres environ et retombe debout sur le plateau. Touchant seul le corps du médium et ayant les bras tendus, il m'est matériellement impossible de l'enlever dans cette position. Jane, du reste, déclare après chaque expérience de ce genre *n'avoir senti de pression nulle part*. Elle est enlevée *de partout*. J'insiste particulièrement sur ce point important.

« L'expérience précédente est répétée, mais alors que le médium a quitté le plateau, la table est renversée seule et Jane redescend lentement à terre. Je ne crois pas pouvoir, à ce moment, estimer son poids à plus d'*un* kilogramme.

« Un soir de lévitations du médium, une surprise nous est annoncée pour la fin de la séance. Le médium est alors placé debout ; j'ai les deux mains un peu au-dessous de ses aisselles, mes amis tiennent les mains et les avant-bras. Je sens tout à coup, par un mouvement des épaules, que le corps a pris une position horizontale. Les pieds joints venaient de quitter brusquement le sol et avaient décrit un quart de cercle autour d'une épaule comme centre. Enlevant vivement ma main gauche, tout en conservant la droite sous l'aisselle gauche du médium, je l'étends dans la direction du corps et constate la position horizontale de celui-ci sans qu'aucune main ne le soutienne. Ce résultat est obtenu trois fois de suite.

« Enfin, je rappelle, pour terminer l'exposé de ce genre de phénomènes, un fait analogue à celui dont parle M. le Dr Corneille dans son article de février.

« Jane est debout, les deux pieds posés sur mes

genoux. Je place une de mes mains sur chacune de ses chaussures. On effleure comme toujours la robe et les bras. Je demande une lévitation du médium. Le poids du corps de celui-ci ne tarde pas à décroître sensiblement... devient nul et, finalement, les pieds quittent mes genoux pour y retomber bientôt.

« J'essaye l'épreuve contraire. Je demande maintenant une augmentation de poids. L'expérience réussit pleinement. Les pieds pressent si fortement qu'ils dévient et m'obligent à les tenir serrés. Je constate d'une main que, par leur position, mes amis ne peuvent nullement contribuer à la production de ce phénomène. Sans exagération aucune, le poids du corps est doublé.

« Je rappelle que le médium dont la nature aimante et douce reflète toute la belle franchise de l'enfance, déclare ne sentir aucune pression, aucune poussée. Un fait curieux mérite d'être signalé : avant que les pieds de Jane quittent le sol ou les genoux, le corps *s'allonge* sensiblement et dans le cas d'augmentation de poids, le corps *se tasse* et doit certainement diminuer de longueur d'au moins 2 ou 3 centimètres. »

« Voulant varier ces effets à l'infini, la table, dans ses réponses, semble s'ingénier à combiner d'autres phénomènes. Elle nous dit :

— Couchez Jane sur le plateau.

— Mais, disons-nous, ce n'est pas possible !

— Je veux la léviter au mur.

— Comment cela ?

« La table répond que le médium sera raidi et qu'il nous faut mettre les mains légèrement en dessous.

« Nous suivons le petit meuble qui va prendre, en lévitant, une position convenable, puis Jane est étendue les reins portant sur la table, la tête et les pieds soutenus par nous quatre.

« Le corps perd bientôt de son poids ; nous ne le sentons plus sur nos mains qui effleurent seulement la robe ; il s'élève et fait horizontalement un mouvement de va-et-vient ; les pieds frappent le mur à chaque fois. Le médium rit et dit : « Encore ! »

« Pendant que Jane rebondit vers le mur, telle une balle de caoutchouc, j'émets l'idée que la table ne servant plus à rien pourrait bien sortir du cercle formé par les assistants. Nous lui réservons un passage ; mais elle sort, *seule* évidemment, du côté opposé et va s'affaler avec bruit dans un angle de l'appartement. Le poids du corps de Jane augmente et redevient normal.

« Un instant après, nous obtenons que l'expérience soit refaite mais avec cette variante :

— Quand le médium sera en l'air, et lévitera au mur, vous glisserez lentement vos mains vers la tête de sorte que la partie supérieure du corps reste horizontale, sans contact.

« Ainsi est fait. Jane continue les lévitations au mur jusqu'à ce que nos mains soient toutes remontées de la tête à la taille. Plus de la moitié du corps restait donc *seule* soutenue par l'invisible. Puis le médium, couché dans les mêmes conditions que précédemment, est enlevé horizontalement, redressé et posé debout sur la table. Enlevé de nouveau, il tourne dans le plan vertical et se couche lentement. Pendant ce temps, nos mains, effleurant seulement la robe, n'ont qu'à suivre. Les mouvements sont lents et réguliers. Il est de toute impossibilité de les reproduire à force de bras, ainsi que nous l'avons essayé depuis. »

M. le Dr Dusart, ancien interne des hôpitaux de Paris, a étudié dans un petit village du département du Nord, une jeune fille de 17 ans, qui était un médium extraordinaire sous des rapports divers. Voici ce qu'il m'écrivait, le 7 mars 1899, au sujet des phénomènes se rapportant à la question qui nous occupe en ce sens qu'on voit varier le poids des objets matériels sous l'influence d'une force inconnue.

« Maria ayant les mains à plat sur la table, les pieds de celle-ci qui sont de son côté se soulèvent : un d'eux vient toucher sa robe ; puis les deux autres s'enlèvent à leur tour et la table ainsi complètement en l'air vient, sans le moindre effort musculaire de Maria, se poser sur la tête des assistants debout dans la salle. A la demande, on ne la sent pas du tout ou elle pèse à faire crier grâce. Nous avons tous essayé de la soulever non pas en y imposant simplement les mains, ce qui est évidemment impossible, mais en l'empoignant vigoureusement par les bords; nous n'y sommes pas arrivés.

« Il était intéressant et même nécessaire d'apprécier l'étendue des modifications de la pesanteur. J'ai apporté un peson à index et j'y ai suspendu la table : libre, elle donne 17 kilos. A la demande, Maria portant les mains dessus la plate-forme, elle arrive à peser zéro ; ou bien Maria posant les mains dessous, l'index descend lentement jusqu'à 40 kilos. Plus tard la table s'agitant dans une vraie sarabande, on a constaté 50 kilos, point extrême du peson ; mais ceci ne compte pas, à cause des secousses.

On connaît l'expérience du pèse-lettre, qui eut lieu à l'Agnélas en 1895 ; elle a été répétée en 1897, à Bordeaux chez M. Maxwell qui m'a communiqué le procès-verbal rédigé par lui-même.

Séance du 4 août 1897.

« Présents : Eusapia, *médium* ; Mme A... ; M. Maxwell (1) ; M. de Pontaud ; M. Denucé, docteur en médecine ; M. Pr. avocat.

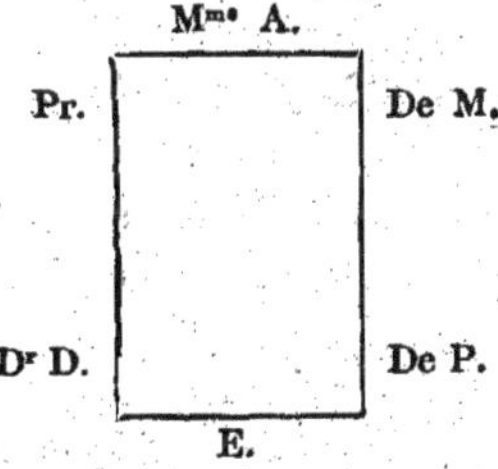

1. M. Maxwell a donné un résumé de cette séance à la page 292

« Lumière vert clair donnée par une lampe électrique placée dans une lanterne photographique. On distingue les moindres détails de l'appartement, sauf le dessous de la table à cause de l'ombre portée par le tableau.

« Eusapia est en corsage clair, celui qu'elle avait pendant le dîner.

« J'ai acheté dans la journée un pèse-lettre que j'apporte. E... nous fait rester deux ou trois minutes les mains sur la table, puis approche ses mains du pèse-lettre, en faisant placer la main droite du Dr D... sous la main gauche du médium.

« Le Dr D... accuse une sensation de souffle froid qui s'arrête au bout d'un instant, puis recommence.

« Les mains d'Eusapia sont à environ 15 centimètres du pèse-lettre, de chaque côté et dans le prolongement d'un diamètre du plateau.

« Eusapia fait deux ou trois fois un mouvement de haut en bas avec ses mains, face palmaire au-dessous. Or, la deuxième fois, le pèse-lettre est poussé à fond de course, ce qui exige une force de plus de 170 grammes.

« Eusapia prend la main gauche de M. de

---

du livre qu'il vient de publier dans la *Bibliothèque de philosophie contemporaine*, sous le titre : Les Phénomènes psychiques, Recherches, observations, méthodes, par J. Maxwell, docteur en médecine, Avocat général près la Cour d'appel de Bordeaux. — Préface de Charles Richet, membre de l'Académie de médecine, Professeur à la Faculté de médecine de Paris.

Pontaud la place sous sa main droite et tente l'expérience avec lui. Elle demande s'il sent le souffle froid ; M. de Pontaud répond que non. Après quelques instants, M. de Pontaud sent un souffle froid à l'annulaire et au petit doigt (les deux doigts de sa main la plus rapprochée du corps du médium). Le plateau s'abaisse et l'aiguille s'arrête à la division 20.

« Eusapia reprend la main droite du Dr D... Elle ne place plus ses mains dans le prolongement des diamètres du plateau, mais dans deux directions faisant un angle d'environ 120°, dont le sommet serait au centre du plateau.

« Le Dr D... a toujours sa main droite dans la main gauche d'Eusapia. Les extrémités des mains de celle-ci sont à environ 10 centimètres du bord du plateau et à environ 15 centimètres l'une de l'autre. Le plateau s'abaisse à 90 grammes et revient lentement à 0.

« Dans les deux expériences précédentes, il était revenu brusquement à 0.

« Eusapia essaye de faire lever le plateau. Ses mains sont dans le prolongement d'un diamètre du plateau ; la face palmaire est, cette fois, en haut. Le plateau se relève. Dans cette position la course du plateau est faible; il est bloqué au bout d'un demi-centimètre.

M. Pr... place son portefeuille en maroquin noir, pesant 70 grammes, sur le plateau. Eusapia recommence l'expérience dans les mêmes conditions de position des mains et de distance comptées à partir du bord du portefeuille. Après deux ou trois mouvements de ses mains de bas en haut, le plateau est relevé à bloc.

« Avant qu'on enlève le pèse-lettre, Eusapia fait remarquer que ces expériences sont celles qui lui plaisent le plus. Elle n'est pas endormie et se rend compte de tout ce qui se passe. Elle dit éprouver une sensation de froid dans le dos, le long de l'épine dorsale, puis dans le bras, et un fourmillement dans le bout des doigts au moment où le plateau s'abaisse. »

A Montfort-l'Amaury, ce phénomène s'est présenté sous une forme différente et assez originale. C'était également à la fin d'une séance.

« On passe, dit M. de Fontenay (1), dans la salle à manger, on s'asseoit autour de la grande table. On prend du thé et des gâteaux. Il y a devant Eusapia un plateau chargé de tasses avec leurs soucoupes et leurs petites cuillers, un sucrier, une théière et divers menus objets, parmi lesquels une cuiller à entremets pesant 40 grammes : celle-ci est posée à même le plateau appuyée sur le rebord qu'elle dépasse de 6 ou 7 centimètres. Eusapia, qui attend sa tasse de bouillon, montre la cuiller à ses voisins, et, comme pour s'amuser, la fait sauter en passant les deux mains de bas en haut à quelques

1. *A propos d'Eusapia Paladino*, Paris. Société des éditions scientifiques, 1898.

centimètres à gauche et à droite de l'objet. Aussitôt on nous appelle, M. Flammarion et moi, et Eusapia recommence. Nous sommes sous la pleine lumière d'une lampe et de plusieurs bougies. Tout le monde regarde. Eusapia renouvelle deux ou trois fois le geste de soulever quelque chose entre ses deux mains, qui passent chaque fois à 3 ou 4 centimètres *au minimum* de l'extrémité de la cuiller. Le premier mouvement n'amène aucun résultat ; au deuxième ou au troisième, la cuiller sursaute et retombe dans la même position. Nous prions le médium de recommencer une fois encore. Elle répète le même geste deux ou trois fois, mais sans succès, et frotte ses mains contre sa jupe comme pour les essuyer et les débarrasser de quelque impureté qui s'opposerait au passage de je ne sais quelle force. Puis elle renouvelle sa tentative. Les deux premières passes ne produisent rien ; la troisième amène un léger mouvement de la cuiller ; à la quatrième elle saute en l'air complètement et se renverse bout pour bout sur le plateau. On applaudit, et Eusapia se met à rire et à plaisanter ; elle est, je le répète, complètement éveillée (p. 116). »

Le livre de M. de Fontenay contient une excellente photographie de lévitation de table et de nombreux détails sur d'autres mouvements à distance, qui ont eu lieu en pleine lumière.

A Montfort-l'Amaury, comme dans les autres groupes où elle a opéré, les spectateurs mettent généralement fin à la séance au bout de deux ou trois heures parce que le médium est complètement épuisé; les spectateurs rompent la chaîne, et on augmente progressivement la lumière. Eusapia sort alors peu à peu de l'état de trance, reprend l'usage de ses sens, se lève, marche, cause et finit par paraître se trouver dans son état normal. Cependant elle est toujours fortement chargée de force psychique, et c'est à ce moment qu'elle produit en pleine lumière des phénomènes qu'elle répète souvent plusieurs fois de suite au gré des observateurs. Elle vous dit par exemple de placer votre main sur une table, sur le dossier d'une chaise ; puis elle place la sienne par-dessus, également à plat et la lève ; alors votre main et le meuble qui est au-dessous suivent le mouvement et le meuble reste ainsi suspendu à votre propre main pendant 40 à 50 secondes, jusqu'à ce qu'il tombe brusquement, pendant qu'Eusapia pousse un soupir de soulagement, comme si elle venait de cesser un violent effort.

Cette expérience est du plus haut intérêt parce que l'impossibilité d'un truc est de toute évidence ; j'en ai été témoin plusieurs fois. Elle a été obtenue à Palerme avec Eusapia en juillet et août 1902.

Dans le compte rendu de ces séances on peut cependant lire : « A deux reprises, alors que nous n'étions pas en séance et qu'Eusapia se trouvait en pleine lumière tout près d'une table où se trouvaient plusieurs bibelots, elle s'est servie d'un fil qu'elle avait entre ses mains pour déplacer ces objets et nous a permis de croire qu'elle se livrait à une fraude consciente. »

Comme les expérimentateurs rendent ailleurs pleine et entière justice aux facultés extraordinaires d'Eusapia, nous sommes portés à conclure qu'ils avaient réellement vu un fil, mais qu'ils avaient eu le tort de ne point s'assurer de la nature de ce fil. Ils auraient alors pu constater que ce fil était purement fluidique, ainsi que cela a été démontré au cours des séances tenues en mars et avril 1903, avec le même médium, chez le chevalier Peretti, à Gênes. Voici comment l'un des témoins, M. Bozzano, narre le fait (1).

« La séance était à peine finie ; la pièce était éclairée par une lampe électrique à la lumière rouge ; le médium encore un peu épuisé était assis auprès de la table. Tout à coup il parut se réveiller de l'espèce d'engourdissement dans lequel il se trouvait ; il se frotta les mains ; après quoi, en les éloignant l'une de l'autre et les portant en avant, il les approcha d'un petit verre posé sur la table ; alors en faisant avec les mains des mouvements, tantôt en avant, tantôt en arrière, il parvenait à imprimer au petit verre en question des mouvements analogues

---

1. *Revue d'études psychiques*, mars 1903.

de traction et de répulsion à distance... Pendant que se déroulait ce phénomène, tous les expérimentateurs furent à même d'apercevoir très clairement, à l'improviste, quelque chose comme un gros fil de couleur blanchâtre, lequel partant d'une manière indéfinie des phalangettes des doigts d'une main d'Eusapia allait se joindre d'une façon tout aussi peu définie aux phalangettes des doigts de l'autre main.

« Aucun doute : le médium trichait ; chacun des expérimentateurs ne put s'empêcher de songer en ce moment à l'épisode de Palerme. Voilà que le médium lui-même se prend à s'écrier avec un ton de joyeuse surprise : *Tiens ! Regardez le fil ! Regardez le fil !*

« A cette exclamation spontanée du médium, le chevalier Perretti imagina de tenter une épreuve aussi simple que décisive. Il allongea le bras et commença à presser légèrement et ensuite à tirer vers lui, lentement, ce fil qui s'arqua, résista un instant, puis se brisa et disparut tout à coup ; une brusque secousse nerveuse fit tressaillir le corps du médium. Inutile de décrire l'étonnement général ; un tel fait suffisait à résoudre d'un coup toute incertitude. Il ne s'agissait point d'un fil ordinaire mais d'un filament fluidique. »

M. Bozzano s'en est du reste assuré encore plus complètement au moyen d'une vingtaine d'observations faites ensuite au courant des séances de Gênes et où le phénomène s'est reproduit, quoiqu'un peu atténué, grâce au dispositif suivant : Quand le médium avait donné une bonne séance et qu'on supposait qu'il était dans de bonnes conditions pour extérioriser son fluide, on n'avait qu'à étendre, en pleine lumière, sur son giron, un drap noir et à disposer la table ou un meuble quelconque de telle façon que son ombre tombât sur le drap en question ; puis on plaçait les mains du médium dans l'étendue de l'ombre, les deux pointes vis-à-vis de l'autre, à une distance de 10 centimètres environ, les dos des mains soulevés et les doigts légèrement ouverts. Quelques instants après on pouvait observer distinctement quelques filaments fluidiques fort minces, d'une couleur blanchâtre qui, en partant de chacune des phalangettes d'une main d'Eusapia, allaient se rattacher à chacune des phalangettes correspondantes des doigts de l'autre main (1). Grâce à ce filament fluidique, on peut donc expliquer certains mouvements qui paraissent se produire en contradiction avec les lois de la pesanteur.

Sainte Thérèse a eu de nombreuses lévitations ; voici comment les rapporte un de ses historiens (2).

1. M. Maxwell a démontré, dans le chapitre IV de ses *Phénomènes psychiques*, la réalité objective de ces effluves digitaux qui se produisent plus ou moins chez tout le monde, mais qui sont en général trop faibles pour être aperçus par d'autres que par les sensitifs.

2. (Anonyme). *Histoire de Sainte Thérèse d'après les Bollan-*

Le guide spirituel du monastère, saint Jean de la Croix, venait joindre quelquefois ses ardeurs à celles de Thérèse. Un jour, fête de la Très Sainte-Trinité, ils s'entretenaient ensemble, au parloir, de ce grand mystère vers lequel ils étaient portés par les mêmes attraits. Thérèse, à genoux d'un côté de la grille, semblait plutôt en oraison qu'en conversation. Le P. Jean de la Croix, assis de l'autre côté, parlait avec le feu que seul l'amour divin communiquait à son langage doux et calme d'ordinaire. Au milieu de leurs discours, le ciel s'ouvre au-dessus de leurs têtes, et leurs deux âmes, unies dans une sublime contemplation, s'élancent vers le Bien suprême qu'il leur est donné d'entrevoir. A ce moment, la sœur portière, Béatrix de Jésus, chargée de transmettre un message à sa Mère Prieure, frappe à la porte du parloir. Personne ne répond. Elle frappe encore, enfin elle pousse la porte. Le Saint et la Sainte sont l'un et l'autre élevés au-dessus du sol dans la situation qu'ils occupaient auparavant : Jean de la Croix assis sur sa chaise qu'il a inutilement saisie de ses deux mains pour se retenir à terre et qu'il a au contraire emportée avec lui ; Thérèse toujours à genoux et soutenue en l'air. A cette vue, sœur Béatrix, hors d'elle-même, appelle les religieuses qu'elle peut trouver hors

---

distes les divers historiens, et ses diverses œuvres complètes. Paris. Retaux Bray, 1886, 2e édition, tome second, p. 37.

du parloir, et une partie de la communauté devient ainsi témoin du double prodige. On ne put en garder entièrement le secret avec la sainte Mère : « Que voulez-vous, mes filles, « répondit-elle dans sa gracieuse humilité, on « ne peut parler de Dieu avec le Père Jean. « Non, seulement il tombe aussitôt en extase, « mais il fait y entrer les autres. »

La sainte a décrit elle-même les sensations qu'elle éprouvait au moment de ses lévitations, dans son autobiographie dont Mgr Méric a publié (1) de nombreux extraits que nous lui empruntons.

« L'âme, dans ces ravissements, semble quitter les organes qu'elle anime. On sent d'une manière très sensible que la chaleur naturelle va s'affaiblissant et que le corps se refroidit peu à peu, mais avec une suavité et un plaisir inexprimables. Dans l'oraison d'union, nous trouvant encore comme dans notre pays, nous pouvons presque toujours résister à l'attrait divin, quoique avec peine et un violent effort ; mais il n'en est pas de même dans les ravissements ; on ne peut presque jamais y résister. Prévenant toute pensée et toute préparation intérieure, il fond souvent sur vous avec une impétuosité si soudaine et si forte que vous voyez, vous sentez cette nuée du ciel ou cet aigle divin vous saisir et vous enlever.

1. Le vol aérien des corps. *Revue du Monde invisible*, n° du 15 avril 1899.

« Mais comme vous ne savez où vous allez, la faible nature éprouve à ce moment, si déli-

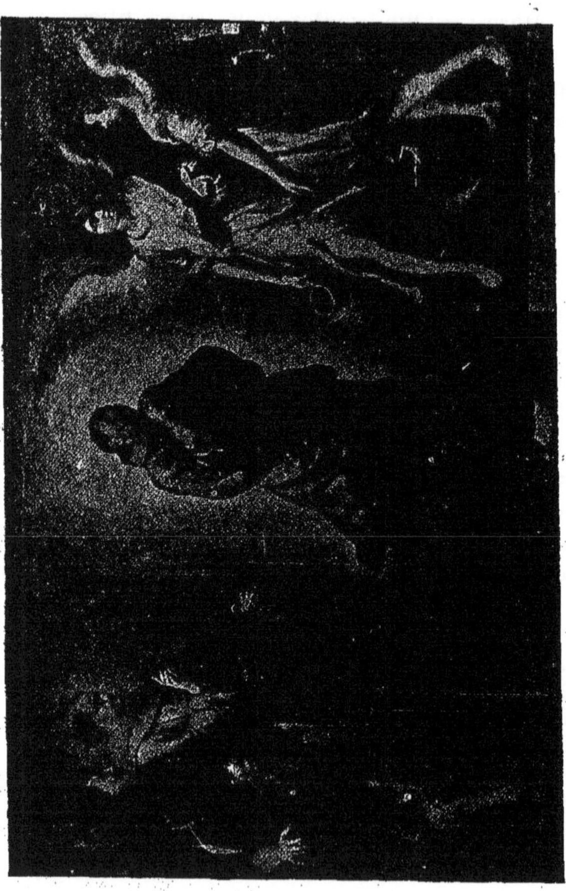

Fig. 14. — Le Miracle de San Diégo.

cieux d'ailleurs, je ne sais quel effroi dans le

commencements. L'âme doit montrer ici beaucoup plus de résolution et de courage que dans les états précédents ; il faut en effet qu'elle accepte à l'avance tout ce qui peut arriver, qu'elle s'abandonne sans réserve entre les mains de Dieu et se laisse conduire par lui où il lui plaît, car on est enlevé, quelque peine qu'on en ressente.

« J'en éprouvais une si vive, par crainte d'être trompée que, très souvent en particulier, mais surtout quand j'étais en public, j'ai essayé de toutes mes forces de résister. Parfois je pouvais opposer quelque résistance ; mais, comme c'était en quelque sorte lutter contre un fort géant, je demeurais brisée et accablée de lassitude. D'autres fois tous mes efforts étaient vains ; mon âme était enlevée, ma tête suivait presque toujours ce mouvement sans que je pusse la retenir ; et quelquefois même tout *mon corps était enlevé, de telle sorte qu'il ne touchait plus à terre.*

« J'ai été rarement ravie de cette manière. Cela m'est arrivé un jour où j'étais au chœur avec toutes les religieuses et prête à communier. Ma peine en fut extrême dans la pensée qu'une chose si extraordinaire ne pouvait manquer de causer bientôt une grande sensation. Comme ce fait est tout récent et s'est passé depuis que j'exerce la charge de prieure, j'usai de mon pouvoir pour défendre aux religieuses d'en parler.

« En plus d'une circonstance, j'ai fait ce que

je fis le jour de la fête du saint patron de notre

FIG. 15. — Lévitation de Saint Martin de Porres.

monastère. Pendant le sermon auquel assistaient plusieurs dames de qualité, je vis que la même chose allait m'arriver ; je me jetai soudain à terre, mes sœurs accoururent pour me retenir, et le ravissement ne put échapper aux regards. Je suppliai instamment Notre-Seigneur de vouloir bien ne plus me favoriser de ces grâces qui se trahissent par des signes extérieurs ; j'étais déjà fatiguée de la circonspection à laquelle elles me condamnaient, et, malgré mes efforts, je regardai comme impossible de les tenir cachées...

« Lorsque je voulais résister, *je sentais sous mes pieds des forces étonnantes qui m'enlevaient ;* je ne saurais à quoi les comparer. Nul autre de tous les mouvements qui se passent dans l'esprit n'a rien qui approche d'une telle impétuosité. C'était un combat terrible, j'en demeurais brisée. Quand Dieu veut, toute résistance est vaine ; il n'y a pas de pouvoir contre son pouvoir. Quand Dieu veut, nous ne pouvons pas plus retenir notre corps que notre âme. Malgré nous, nous voyons que nous avons un maître et que de telles faveurs sont un don de sa main, et nullement le fruit de nos efforts ; ce qui imprime dans l'âme une humilité profonde.

« Au commencement, je l'avoue, j'étais saisie d'une extrême frayeur. Et qui ne le serait en voyant ainsi son corps s'élever de terre ? Car, quoique l'âme l'entraîne après elle, avec un indicible plaisir quand il ne résiste point, le sentiment ne se perd pas ; pour moi, du moins, je le conservais de telle sorte que *je pouvais*

S. Petrus de Alcantara Hyspanus strictioris obseruantiæ. Sancti Francisci Fratrum Minorum Discalceatorum Pater et Magiste.

Fig. 16.

voir que j'étais élevée de terre. A la vue de cette majesté que déploie ainsi la puissance, on demeure glacé d'effroi, les cheveux se dressent sur la tête et on se sent pénétré d'une très vive crainte d'offenser un Dieu si grand. Mais cette crainte est mêlée d'un très ardent amour, et cet amour redouble en voyant jusqu'à quel excès Dieu porte le sien à l'égard d'un ver de terre qui n'est que pourriture. Car, non content d'élever l'âme jusqu'à lui, il veut élever aussi ce corps mortel, ce vil limon souillé par tant d'offenses...

« Je reviens aux ravissements et à leurs efforts ordinaires. Souvent mon corps en devenait si léger qu'il n'avait plus de pesanteur ; quelquefois c'était à un tel point que je ne sentais plus mes pieds toucher la terre. Tant que le corps est dans le ravissement, il reste comme mort et souvent dans une impuissance absolue d'agir. Il conserve l'attitude où il a été surpris ; ainsi il reste sur pied ou assis, les mains ouvertes ou fermées, en un mot, dans l'état où le ravissement l'a trouvé...

Giordano Bruno dit, à propos de la puissance de concentration de l'âme et en parlant de saint Thomas d'Aquin : « Quand il s'élevait avec toute la force de son âme et toute sa piété à la contemplation spirituelle de ce qu'il croyait être le ciel, tout son être sentant et agissant se concentrait à un tel degré dans cette pensée

Girol. Cabattoni incise

S. GIACINTA MARISCOTTI V.

Nobile Romana del Terz' Ordine di S. Chiara
Nata nel 1585. morta nel 1640. Canonizzata nel 1807.
Il di cui Corpo si venera in S. Bernardino della Città di Viterbo.

Roma presso G.o Antonelli Via del Corso N.o 228. 229.

Fig. 17.

unique que *son corps se détachait du sol et s'élevait en l'air.* »

Voici maintenant quelques cas qui ont été décrits et affirmés juridiquement.

Le premier en date se trouve à la Bibliothèque nationale.

C'est le « Procès-verbal fait, pour délivrer une fille possédée par le malin esprit à Louviers en 1591, par Louis Morel, écuyer, sieur de La Tour, conseiller du roi, prévôt général en la maréchaussée de France et en la province de Normandie, assisté de Me Robert Behotte, licencié ès lois, avocat et lieutenant général de M. le vicomte de Rouen, à la résidence de Louviers. »

La fille dont il est ici question était une pauvre servante, Françoise Fontaine, ni sainte ni sorcière, mais affligée de manifestations si extraordinaires qu'elle avait demandé tous les secours, y compris ceux de la religion, pour en être délivrée et qu'on avait fini par la garder dans la prison de Louviers pour éviter les accidents.

Ces manifestations, parmi lesquelles se trouvaient des coups frappés dans les murs, des transports d'objets mobiliers et des enlèvements de son propre corps, si brutaux qu'elle et les assistants en étaient souvent grièvement blessés, sont longuement exposées dans le procès-verbal avec les attestations des témoins. Je me bornerai à reproduire ici le récit de celles qui eurent lieu lorsqu'on eut recours à l'exorcisme,

Effigiem S. Iosephi a Cupertino Ord. Min. S. Francisci Conventual. Sacerdotis
Augustiss. Eucharistiæ Sacramento cum semel peracta supplicatione
in loco Cryptulæ Populo benedicendum foret mirabiliter in aere appropinquantis
Sanctissimo Domino Nostro Clementi XIII. Pont. Opt. Max.
Ejusdem Seraphici Ordinis Fratres offerunt et dicant.

FIG. 18.

en y mettant l'orthographe et la ponctuation modernes pour rendre un peu plus claire la rédaction assez confuse du prévôt de Normandie.

« Suivant ce que nous avons arrêté le jour d'hier avec ledit curé Pellet, nous sommes partis de notre logis et venu trouver icelui curé Pellet, viron sur les six à sept heures du matin, avec lequel nous sommes transportés aux prisons de cette dite ville de Louviers, ayant amené avec lui un clerc qui portait l'eau bénite, et nous avons commandé auxdits Vymont, Dupuys, Hellot, Dubusc, le Prévost et autres, nos archers, nous accompagner ; ce qu'ils ont fait. Et sommes entrés en icelle prison et avons trouvé ladite Françoise qui était en une petite chambre haute, couchée toute vêtue sur une couchette avec cinq ou six prisonniers qui la gardaient, laquelle avait le visage tout en sang, comme d'égratignures, à laquelle nous avons demandé qui lui avait fait cette égratignure.

« Par ladite Françoise fait réponse que c'était l'esprit qui la tourmentait qui lui avait fait lesdites égratignures, samedi au soir dernier en notre présence comme nous l'interrogions, l'ayant ledit esprit lors jetée par terre à cause de ce qu'elle nous avait confessé, comme nous avions pu voir.

« A laquelle Françoise nous avons usé de plusieurs remontrances pour la réconcilier en la crainte et amour de Dieu, lui remontrant qu'en reconnaissant Dieu, lui criant merci, confessant ses fautes, lui en demandant pardon et renonçant au diable, elle pouvait sortir des tourments où le malin esprit l'avait conduite, par le moyen d'une confession générale de ses péchés qu'il fallait qu'elle fît audit curé Pellet, et se mettre en bon état, pour ouïr la messe et recevoir le saint Corps de Notre-Seigneur Jésus-Christ ; ce qu'elle a promis de faire.

« Ce fait, ledit curé Pellet lui avait baillé de l'eau bénite, et icelle ouïe de confession ; après laquelle nous avons icelle Françoise prise, menée et conduite avec nosdits archers, étant enserrée par les mains, à l'église Notre-Dame de cette dite ville de Louviers, où entrant ledit curé Pellet, qui marchait devant vêtu de son surplis et de son étole, lui avait jeté de l'eau bénite ; et nous, après lui, ayant notre bâton de prévôt en la main, l'avons conduite en la chapelle de la Trinité où l'on avait fait accommoder l'autel pour dire la messe, et devant lequel autel nous avions fait mettre des bancs, sur l'un desquels elle s'est appuyée, s'étant mise à genoux et commencé à prier Dieu, étant toujours auprès d'elle ledit curé Pellet vêtu de sondit surplis ayant son étole au cou. Et nous sommes mis au coin de l'autel où l'on commence à dire la messe, pour voir quelle contenance tiendrait ladite Françoise sans qu'elle nous aperçût.

« Et lors et à l'instant, Me Jean Buisson,

prêtre chapelain de ladite église, qui était revêtu de ses ornements sacerdotaux pour dire et célébrer la messe, ayant fait allumer un grand cierge qu'il avait fait mettre sur le bord de l'autel, près de nous, et après a commencé à célébrer une basse messe où s'étaient trouvés présents plus de 1.000 1.200 personnes, tant catholiques que huguenots de la nouvelle prétendue religion, soldats et autres gens de qualité. Et entre autres personnes de qualité, étaient le sieur abbé de Mortemer, le sieur Ratte, abbé et conseiller au parlement de Toulouse, le sieur de Rubempré, le sieur baron de Neufbourg, le sieur baron des Noyers, le sieur Séguier, grand maître des eaux et forêts de France, Me Jacques Duval, médecin à Évreux, Me Jonas Marie, receveur des tailles en l'élection de Montivilliers, Me Nicolas Coquet, prêtre dudit Louviers, Pierre Behotte, Jacques Surgis, Guillaume Inger l'aîné, Robert Langlois, bourgeois et marchands dudit Louviers.

« Laquelle Françoise s'était mise en prière et en état d'ouïr sagement la messe, sinon que lorsque ledit Buisson prêtre a commencé à dire l'Évangile, ladite Françoise avait commencé à sommeiller, la tête lui étant tombée sur ledit banc devant lequel elle était à genoux, comme si elle eût été pâmée et évanouie ; de quoi nous avons averti ledit curé Pellet qui nous regardait et avait l'œil sur nous, comme nous l'en avions prié, afin de l'avertir si nous apercevions que ladite Françoise fît quelque chose ; lequel curé

Vicarii Christi Urbani Papæ VIII Pedes osculaturus S. Ioseph a Cupertino sublimis in aere fertur.
Ejus rei admirandam speciem nunc primum typo expressam
Emin.mo ac Rev.mo Principi Flavio S. R. E. Cardinali Ghisio
Seraphici eorum Ordinis Protectori munificentissimo
Fratres Minores Conventuales obsequentissime offerunt.

Fig. 19.

Pellet l'avait exorcisée et à elle jeté de l'eau bénite, laquelle s'était aussitôt revenue, s'étant levée et fait le signe de la croix et ouï et entendu ledit Évangile attentivement. Après ledit Evangile dit, elle avait été à l'offrande où elle avait été conduite par ledit curé Pellet. Lors de l'élévation du saint Corps de Notre-Seigneur Jésus-Christ, elle avait icelui regardé fort attentivement, faisant toujours mine de le prier et adorer, sans avoir été aucunement tourmentée. Après laquelle élévation, ledit curé lui avait présenté la paix qu'elle avait baisée.

« Et sur ce que ledit Buisson prêtre a voulu parachever de dire la messe, le livre et missel étant changés de lieu et remis sur le bout de l'autel où il avait commencé ladite messe, étant à l'action de grâce d'icelle, ledit curé Pellet avait commandé audit Buisson prêtre de ne parachever sa dite messe qu'il n'eût administré le Saint-Sacrement et l'Eucharistie à ladite Françoise ; lequel Buisson s'étant arrêté, icelui curé Pellet, vêtu toujours de son surplis et ayant l'étole au cou, s'étant approché d'icelle Françoise, laquelle il avait ouïe derechef de confession, et ayant icelle exorcisée, et conjuré ledit malin esprit auquel ladite Françoise a déclaré publiquement qu'elle renonçait, ledit curé Pellet a pris la Sainte Eucharistie pour la lui bailler et faire recevoir. S'étant approché d'elle après avoir fait dire à ladite Françoise tout hautement son *Misereatur* et *Confiteor*, il s'était apparu comme une ombre noire hors de

SANCTISSIMO DOMINO NOSTRO OPTIMO
BENEDICTO XIV. PONTIFICI MAXIMO

Fig. 20.

l'église, qui avait cassé un losange des vitres de ladite chapelle et pris le cierge qui était sur l'autel, qu'il avait éteint... et icelle Françoise étant à deux genoux avait été enlevée fort épouvantablement, sans avoir pu recevoir le Saint-Sacrement, ouvrant la bouche, ayant les yeux tournés en la tête, avec un geste tant effroyable, qu'*il avait été besoin, à l'aide de* 5 *à* 6 *personnes, la retirer par ses accoutrements comme elle était enlevée en l'air ;* laquelle ils avaient jetée à terre, ayant été contraints de se jeter sur elle à cause que cela la voulait enlever, sans toutefois voir ni apercevoir aucune chose ; où s'était aussitôt présenté ledit curé Pellet, qui avait icelle exorcisée et à elle jeté de l'eau bénite, même conjuré ledit malin esprit ; laquelle était revenue à soi, étonnée et débile. Ce que voyant, ledit curé avait derechef fait abjurer à ladite Françoise ledit malin esprit, et à elle fait plusieurs remontrances pour le salut de son âme ; à quoi ladite Françoise avait prêté l'oreille.

« Cela fait, ledit curé avait derechef présenté la Sainte Hostie à ladite Françoise, pour laquelle recevoir s'étant mise à deux genoux, ledit curé lui présentant, icelle Françoise a derechef *été enlevée de terre plus haut que l'autel*, comme si on l'eût prise par les cheveux, d'une si étrange façon que cela avait grandement étonné les assistants qui n'eussent jamais cru voir une chose si épouvantable ; s'étant tous jetés à deux genoux contre terre et commencé à prier Dieu et implorer sa grâce pour la délivrance de ladite Françoise ; ayant été de besoin pour icelle reprendre, que plusieurs hommes se soient jetés à ses accoutrements et icelle abattue à terre, s'étant jetés sur elle pour s'opposer à l'effet de l'ennemi qui le voulait enlever, ayant ladite Françoise la bouche torse et ouverte, les yeux qui lui sortaient de la tête, les bras et les jambes tournés sens dessus dessous.

« Ce que voyant, ledit curé Pellet s'était approché auprès d'elle, lui ayant jeté de l'eau bénite, icelle exorcisée et conjuré ledit malin esprit. Ayant ladite Françoise la face contremont, et ayant demeuré quelque temps en cet état, ledit curé Pellet ayant fait allumer un autre cierge, ladite Françoise était revenue à soi et repris ses esprits. Et après que ladite Françoise a derechef crié merci à Dieu et renoncé audit malin esprit, étant à deux genoux s'approchant ledit curé Pellet auprès d'elle pour lui présenter la Sainte Eucharistie afin de icelle recevoir, pour la troisième fois elle avait été comme devant empêchée de ce faire, ayant été enlevée pour la troisième fois par-dessus une grande forme ou banc qui était devant l'autel où l'on célébrait la messe, *et emportée en l'air du côté où la vitre avait été cassée*, **la tête en bas, les pieds en haut** *sans que ses accoutrements fussent renversés* (1), au travers desquels,

1. Il arrive fréquemment que la force qui soulève l'être

devant, avec derrière, il sortait une grande quantité d'eau fumée puante ; ayant été plus tourmentée que devant, avec une telle manière et fureur, que c'était chose horrible à voir et incroyable à ceux qui ne l'ont vue. Laquelle Françoise fut quelque temps ainsi *transportée en l'air sans que l'on la pût reprendre* ; mais enfin sept à huit hommes s'étaient jetés à elle, qui avaient icelle reprise et mise contre terre, étant tourmentée de telle façon que c'était chose horrible et pitoyable à voir, tellement que ceux qui étaient là présents en grand nombre tant catholiques que de la nouvelle religion réformée, avaient pleuré, s'étant mis à genoux et commencé à prier Dieu pour le salut de l'âme de ladite Françoise.

« Pendant lesquelles prières ledit curé Pellet s'était approché de ladite Françoise où, tout de nouveau, il avait icelle exorcisée et conjuré ledit malin esprit, et lui ayant jeté de l'eau bénite, était revenue et repris ses esprits ayant déclaré tout hautement ladite Françoise qu'elle renonçait au diable, criait merci à Dieu et lui demandait pardon de ses fautes.

---

humain s'applique également aux objets qui l'entourent. On en a déjà vu des exemples avec Sainte Thérèse (p. 143) et dans les expériences de l'Agnélas où la chaise d'Eusapia fut soulevée avec elle. En voici un autre cité par Gœrres (*Einleitung zu Suzo's Leben*), à propos de Saint Suzo qui s'éleva un jour dans l'air, à ciel ouvert, pendant une tourmente de neige ; la neige se rassembla et resta suspendue au-dessus de sa tête en formant une espèce de toit.

S. Joseph a Cupertino Ord. Min. S. Francisci Convent. in Missæ celebratione sæpissime in aerem elevatur.

Michaelang. Ricciolini del. *Nic. Guttierez sculp.*

Fig. 21.

« Disant ladite Françoise de soi-même que la première fois que ledit curé Pellet lui avait présenté la Sainte Eucharistie, elle avait vu ledit malin esprit qui était entré par un trou qu'il avait fait en une vitre de ladite chapelle, étant à main droite, qu'elle nous a montré, et avait éteint le cierge qui était allumé sur l'autel où l'on célébrait la messe et icelle Françoise pris par les cheveux pour l'enlever et emporter par le trou de ladite vitre, de peur qu'elle ne reçût le saint Corps de Notre-Seigneur Jésus-Christ. »

Le rapport ajoute que le curé Pellet s'étant souvenu que, toutes les fois que Françoise avait été enlevée, cela avait été par les cheveux, il les lui fit raser. A la suite de cette opération et de l'exorcisme qu'on vient de lire, la pauvre fille fut complètement guérie.

J'ai cité ce long texte *in extenso* pour que le lecteur pût bien se faire une idée du soin avec lequel les faits avaient été observés. Il ne peut y avoir de doute sur ceci que Françoise a été, pendant la messe, soulevée trois fois dans les airs, de telle manière qu'on ne saurait confondre ces lévitations avec des contorsions et des sauts.

Dans les différentes circonstances relatées, l'homme de science ne peut retenir que quelques particularités : telle est l'adhésion au corps des jupons qui ne se renversaient pas quand Françoise avait la tête en bas, ce qui prouve que la force inconnue qui soustrayait son corps aux lois de la pesanteur s'appliquait également à ses vêtements, phénomène qu'on a observé d'autres fois. Tel est également le fait que l'ablation de la chevelure a fait cesser, ou plutôt a contribué à faire cesser les manifestations, faits qu'on peut rapprocher de cette observation que la force psychique se dégage souvent par les cheveux, comme l'électricité. Tel est encore l'état de prostration de Françoise après les lévitations, circonstances qu'on observe toujours après les dépenses considérables de force psychique. Je pourrais également ajouter la sensation de vent froid, dont il n'est pas parlé dans le récit reproduit plus haut, mais qui est souvent indiquée dans les autres parties du procès-verbal, au moment de l'apparition du phénomène, ainsi que beaucoup d'expérimentateurs l'ont constaté dans des manifestations analogues (1).

---

1. Ce serait dépasser manifestement les droits de la science positive et même du simple bon sens que d'affirmer que les faits, tels qu'ils ont été décrits dans le procès-verbal, sont suffisamment expliqués par les troubles nerveux et les hallucinations qu'on a étudiés dans les hôpitaux.

C'est cependant ce que n'a pas hésité à faire récemment un médecin dans la longue préface dont il a fait précéder la reproduction de l'histoire de Françoise Fontaine. Après avoir cité sainte Thérèse et quelques autres femmes célèbres il dit :

« Françoise Fontaine est un cas particulier de la névrose ; chez toutes ces femmes, il y a trouble intellectuel, altérations cérébrales et psychiques ; si les manifestations diffèrent, le principe est un et identique. Ce sont des malades qui subissent l'influence de leurs sensations et de leurs sentiments, de leurs désirs et de leurs idées.

« Le travail de reconstitution n'est pas difficile, et l'analyse

Le fameux recueil des *Causes célèbres* contient, dans son tome VI, imprimé en 1738, deux documents cités à propos du procès de Louis Gaufridy, — ce prêtre de Marseille qui avait été brûlé comme sorcier en 1711, par arrêt du Parlement de Provence, — et relatifs à des faits contemporains du narrateur.

L'un se rapporte à une demoiselle Thévenet, de Corbeil, qu'on supposait possédée, et au sujet de qui l'archevêque de Paris fit faire une information.

Voici les principaux faits qu'on dit avoir constatés :

---

morale n'est pas moins claire que les constatations morbides ; à côté de l'accident pathologique, de l'affection névropathique se place un affolement interne du sens de l'intuition, une perturbation des sens externes, un accroissement démesuré de l'imagination et de son activité créatrice : pendant le sommeil de l'être pensant, l'âme sensitive s'exalte et produit des visions, des hallucinations morales et physiques, c'est-à-dire de fausses images, constituant une véritable aliénation mentale qui convertit une sensation pathologique en réalités objectives. C'est une hallucination qu'elle a elle-même provoquée... (p. XIX et XX).

« Je me crois en droit de conclure :

« 1° Il n'y a point de possédées ;

« 2° Il n'y a que des malades, et l'hystéro-épilepsie suffit à expliquer tout ce qu'il y a de vrai dans les phénomènes démoniaques ;

« 3° Françoise Fontaine est hystéro-épileptique, et son aventure ne présente absolument rien de surnaturel (p. LXXXVII). »

La désinvolture de ces affirmations en présence des faits dont le lecteur a pris connaissance plus haut, serait simplement comique si elle ne dénotait une hostilité aveugle et néfaste contre tout ce qui sort de l'enseignement matérialiste officiel.

« 1° Cette demoiselle s'est élevée à 7 ou 8 pieds dans un jardin, et jusqu'au plancher dans sa chambre ;

B. Thomas a Cora O.M.O. mire elevatus dum Eucharestiam ministrat.
Parisotti a Pasquino N.° 2.

Fig. 22.

« 2° Elle a enlevé son frère et sa garde jusqu'à 3 pieds sans aucun point d'appui;

« 3° Ses jupes se sont repliées par-dessus sa tête, quoiqu'elle s'élevât debout en l'air;

« 4° Elle s'est élevée dans le lit avec sa couverture, jusqu'à 3 et 4 pieds, de la même façon qu'elle s'était couchée, c'est-à-dire le corps étendu horizontalement. »

L'autre document est un rapport médical relatif à huit personnes de la paroisse de Langres, diocèse de Bayeux, également prétendues possédées. Voici ce rapport :

« Nous soussignés, Nicolas Andry, conseiller, lecteur et professeur royal, docteur, régent et ancien doyen de la Faculté de médecine de Paris, censeur royal des livres, etc., avons examiné avec tout le soin possible le mémoire qu'on nous a présenté; en conséquence de quoi, certifions avoir trouvé dans ledit mémoire quatre cas singuliers qui nous paraissaient passer les forces de la nature et ne pouvoir être attribués à aucune force physique, savoir :

« 1° Que les personnes y mentionnées...

« 2° Que souvent elles pèsent, dans le temps de leur syncope, au moins le double de ce qu'elles pèsent dans leur état naturel, de sorte que deux hommes ont eu quelquefois de là peine à porter un enfant de dix ans. Bien plus, que quatre hommes n'ont jamais pu, plusieurs fois et en différents temps, enlever une autre de terre où elle était étendue, quelque effort qu'ils fissent pendant un temps considérable; et dès qu'un prêtre y fut arrivé et qu'il eut commandé au démon de lui rendre la connaissance et la liberté de se relever elle-même, elle recouvra l'une et l'autre. De plus, que deux hommes la portant un autre jour, dans ce même état, deux autres hommes s'étant joints à eux pour les aider à la porter, son corps devint tout à coup si pesant qu'ils eurent toute la peine à gagner sa maison, quoique proche, déclarant qu'ils auraient eu moins de peine à porter chacun un sac de blé.

« 3°. . . . .

« 4° Qu'il y en a une qui, voulant se jeter un jour par la fenêtre d'un escalier d'un second étage, demeura suspendue debout en l'air, sans aucun appui sous les pieds, et sans tenir à rien, pendant tout le temps qu'il fallut pour monter à cet étage et la retirer. Qu'elle s'est mise une autre fois un talon sur le bord extérieur du linteau de la fenêtre d'une chambre, l'autre pied en l'air, et tout le corps penché sans se tenir à rien. Qu'elle s'est assise sur le bord intérieur d'un puits, tout le corps en dedans, sans aucun appui sous les pieds, et pendant tout cela toujours en syncope.

« Lesquelles choses énoncées dans ces quatre articles, certifions comme ci-dessus passer les forces de la nature et ne pouvoir être attribuées à aucune force physique; le tout sans prétendre rien aux autres articles qui peuvent être du ressort de la physique et de la médecine.

ANDRY.
WINSLOW.

Fait à Paris, le 4 mars 1734.

« Après avoir lu et examiné le mémoire ci-dessus, après avoir appris de plus l'inutilité des remèdes employés par les médecins, nous croyons que la physique ne peut expliquer quelques-uns des faits énoncés, tels, par exemple, que d'être suspendu en l'air sans tenir à rien, etc., et que la nature toute seule, en santé ou en maladie, ne les peut produire.

« En foi de quoi, adhérant aux quatre articles extraits par nos confrères, MM. Andry et Winslow, sans rien décider sur les autres articles, nous avons signé à Paris, ce 7 mars 1735.

« CHOMEL, *conseiller, médecin du roi, associé vétéran de l'Académie royale des sciences et docteur régent de la Faculté de médecine de Paris.*

« CHOMEL FILS, *docteur régent de la Faculté de médecine de Paris.* »

III

Les lévitations ont eu souvent une telle durée qu'elles ont pu se fixer nettement dans la mémoire des artistes et être reproduites par la peinture et la gravure.

Le Musée du Louvre possède un tableau de Murillo, catalogué sous le n° 550 *bis* et appelé le *Miracle de San Diego* (fig. 14).

La figure 15 est la réduction d'une gravure faite d'après un tableau de Nic. La Piccola ; il

Fig. 23. — *Effigie del Ven. Servo de Dio Fra Humile di Bisignano Minori riformati della Prov*[a] *Calabria citra. Morte li 26 novembre 1631.*

représente saint Martin de Porres, qui était mulâtre et de l'ordre des Frères Prêcheurs, se précipitant à travers les airs vers un crucifix placé sur l'autel (1).

Dans la figure 16, on voit saint Pierre d'Alcantara s'élever également vers un crucifix (2). Dans la figure 17, c'est le même prodige avec sainte Jacinthe.

Les figures 18, 19, 20 et 21 se rapportent à saint Joseph de Cupertino, l'homme qui posséda au plus haut degré cette singulière propriété. La figure 18 le montre volant vers l'hostie au moment de la bénédiction, la figure 19, arrivant à travers les airs jusqu'au pape Urbain VII pour lui baiser les pieds ; la figure 20, volant dans une église par-dessus la tête des assistants pour se porter vers une statue de la Vierge. Enfin dans la figure 21, il s'élève en consacrant l'hostie (3). On m'a signalé de plus un tableau du cavalier Mazzanti, gravé en 1780 par Gaspard Froy et représentant Joseph de Cupertino, partant de son monastère dans les airs, en présence de deux moines (4).

---

1. Saint Martin de Porres présentait souvent aussi le phénomène de la bilocation. Ribet, *Mystique*, II, 188.

2. Ribet, *Mystique*, II, 592.

3. Je connais, dit Césaire d'Heisterbach (liv. IX, c. 30), un prêtre de notre Ordre, qui par une faveur de Dieu, toutes les fois qu'il dit la messe avec dévotion, est élevé d'un pied en l'air pendant tout le Canon jusqu'à la Communion ; s'il dit la messe plus vite ou moins dévotement, ou s'il est dérangé par le bruit des assistants, cette faveur lui est ôtée.

4. On rapporte que lorsque, en 1650, le duc de Brunswick arriva à Assise, l'aspect du saint qui se mit à planer au-dessus du sol en lisant sa messe le détermina à embrasser le catholi-

Fig. 24.

La figure 22 montre saint Thomas de Cora s'élevant au moment où il donne la communion.

La figure 23 se rapporte au Frère Humile de Bisignano, de l'ordre des Mineurs réformés de la province de Calabre, mort en 1631.

J'ignore quel est le personnage que représente la figure 24 exécutée d'après une admirable statuette en bois appartenant à M. Gagneur de Patornay.

On connaît huit planches différentes d'une gravure représentant le pape Pie VII en lévitation, avec cette inscription :

PIUS VII, PONT. MAX.

Savonæ in extasim iterum raptus, die assumptionis B. Mariæ V.

XIII Kalendas Septembris 1811.

---

cisme (*Psych. Stud.*, 4, 24, 247). Un jour, lors d'une de ses lévitations, saint Joseph de Cupertino retomba sur le sol. Le Frère Junipero se précipita vers lui ; il ne put empêcher la chute, mais il raconta que le corps du saint lui avait paru *léger comme un fétu de paille* (GOERRES, II, 257). Joseph de Cupertino, malade depuis l'âge de 7 ans, s'habitua dès cette époque à l'abstinence par esprit de mortification. Pendant le carême des Franciscains, du 6 janvier au 10 février, il ne mangeait qu'une fois par semaine. Durant les six autres semaines du carême, il mangeait le dimanche et le jeudi, quelques herbes amères, quelques fèves ou fruits ; et ne prenait rien les autres jours. Il tombait en extase cataleptique à l'église en entendant certains chants, certaines musiques. Il mourut à 60 ans.

Une gravure italienne représente sainte Catherine de Sienne se tenant en l'air pendant que des prêtres écrivent ses paroles. Une autre représente la même sainte également en l'air avec l'inscription :

S. Caterina miracolosamente transporta in Siena.

IV

J'en ai, je crois, assez dit pour montrer que la lévitation est un phénomène parfaitement réel et beaucoup plus commun qu'on ne serait tenté de le croire au premier abord.

Les lecteurs qui voudront approfondir davantage la question pourront lire : Dans la *Mystique divine, naturelle et diabolique* de GŒRRES (1), les chapitres XXI, XXII et XXIII du 2e volume (De la marche extatique... Comment les extatiques s'élèvent en l'air... Du vol dans l'extase... Explication de ces phénomènes) et le chapitre XIX du 4e volume (Du vol diabolique... Comment ce phénomène est commun aux extatiques et aux possédés) ;

Dans la *Mystique divine* de l'abbé RIBET (2), le chapitre XXXII du 2e volume (Dispense de

1. Traduction française en 5 volumes. Paris, Poussielgue, 1882.
2. Paris, Poussielgue, 1883. 3 vol. gr. in-8.

la loi de la pesanteur... Suspension, ascension, vol extatique... Agilité surnaturelle en dehors de l'extase. Courses aériennes de sainte Christine l'admirable... Énergie de cette attraction ascensionnelle... Marche sur les eaux... Explication de ce phénomène) ;

Enfin, dans la *Physique de la Magie* que vient de publier récemment en Allemagne le baron Karl de Prel, le chapitre VII du 1er volume, chapitre qui a pour titre : *Gravitation et lévitation* et où le savant auteur essaie d'établir une théorie physique du phénomène basée sur la polarisation de la pesanteur.

J'espère être agréable à mes lecteurs en donnant ici un long extrait de ce chapitre dont je dois la traduction au Dr Hahn, bibliothécaire de la Faculté de médecine de Paris.

Le langage humain n'est pas le résultat du raisonnement scientifique ; il a pris naissance avant toute science. C'est ce qui fait que les termes par lesquels on désigne les phénomènes naturels ne sont pas conformes à la doctrine scientifique mais à l'idée que s'en faisait l'homme préhistorique. Celui-ci ramenait toujours les choses de la nature à sa propre mesure et là où, par exemple, il voyait du mouvement, il supposait la vie. Encore aujourd'hui mouvement et vie restent associés dans le langage ; ainsi lorsque le vent agite les feuilles d'un arbre on dit qu'elles se meuvent. Le naturaliste devrait, rigoureusement, protester contre de semblables expressions, qui désignent le phénomène tel que nous le voyons mais non tel que nous le comprenons. La science est donc constamment obligée de parler la langue d e l'ignorance, celle des conceptions préhistoriques de l'univers ; et ce qui prouve quelles profondes racines celles-ci ont conservées en nous c'est le plaisir que nous fait éprouver la poésie. Le poète lyrique qui donne la vie à la nature inanimée flatte ces conceptions primitives qui sommeillent au fond de notre être, transmises à nous par hérédité.

Notre langage renferme encore un bon nombre de ces éléments paléontologiques, et bien des traces de cette interprétation subjective des phénomènes naturels se retrouvent non seulement pour notre sens interne mais pour tous nos sens. Il en résulte une grande confusion dans les discussions scientifiques.

Lorsque nous ramassons une pierre, il nous semble qu'une sorte d'activité émane de cette pierre, qu'elle fait comme un effort pour se rapprocher du sol en pesant sur notre main, c'est ce sentiment que nous exprimons en disant : « La pierre est lourde. » Nous pensons désigner ainsi la nature de la pierre. Ce sentiment s'est à un tel point généralisé que chacun de nous se croit autorisé à dire : « Tous les corps sont pesants. » Voilà encore une expression contre laquelle le naturaliste devrait protester ; car, pris en lui-même, un corps n'est pas lourd ; il ne semble le devenir que lorsqu'il se trouve dans le voisinage d'un autre corps qui l'attire. Notre langage moderne transforme le fait d'attraction passive en une propriété de la pierre ; il place dans la pierre même la cause de la pesanteur qui réside en dehors d'elle. Etant donné que la terre attire la pierre tenue dans la main (nous faisons abstraction de l'attraction réciproque de la pierre sur la terre, pour plus de simplicité), la pierre paraît être lourde, mais ce n'est là qu'une apparence ; si nous pouvions supprimer la terre, il serait facile de le constater ; alors seulement la véritable nature de la pierre apparaîtrait et celle-ci se montrerait sans poids. Si nous replacions la terre à proximité de la pierre, son état naturel se trouverait modifié ; c'est ce que nous appelons *pesanteur*. Bref le mot pesanteur indique un rapport entre deux corps et non la nature de l'un d'eux ; c'est la constatation d'une action exercée sur la pierre, mais non l'énoncé d'une cause résidant en elle. Ce n'est pas dans la pierre qu'il faut chercher la cause de la pesanteur mais hors d'elle et, si cette cause vient à être supprimée, la pierre cesse d'être pesante. C'est en se servant de ce même langage de l'ignorance que les astronomes disent que la terre pèse des milliards de kilogrammes ; mais, si nous pouvions supprimer le soleil (et toutes les étoiles fixes), le poids de la terre serait nul. Si nous faisons disparaître le corps attractif, l'autre n'est naturellement plus attiré, car c'est uniquement dans l'attraction que consiste la pesanteur. En un mot, la gravitation ne caractérise d'aucune façon l'état effectif et invariable des corps.

Mais, dira-t-on, ces considérations sont assez stériles puisqu'en raison de l'impossibilité où nous sommes de nous soustraire à l'attraction de la terre, des corps sans pesanteur ne peuvent s'offrir à notre examen. Cette réflexion n'est pas juste. Certainement nous ne pouvons supprimer la terre ; mais peut-être sa force d'attraction pourrait-elle être annulée par la mise en jeu de forces capables de transformer, sous des conditions données, la gravitation ou lévitation. Nous connaissons une force de ce genre opposée à la gravitation : c'est le magnétisme minéral. De plus de nombreuses observations faites dans le domaine de l'occultisme se rapportent précisément à la lévitation, phénomène qui doit son nom à ce que l'on y voit la pesanteur naturelle des corps diminuée ou abolie. Des milliers de témoins assurent avoir vu des tables rester suspendues en l'air, rien qu'en appliquant les mains sur elles, ou même en les tenant au-dessus d'elles à une certaine distance. Voilà cinquante ans que les spirites affirment le fait ; leurs adversaires, au lieu d'examiner la chose, répondent simplement : « La lévitation est impossible parce qu'elle est contraire à la loi de gravitation. » C'est la répétition continuelle de la scène caractérisée par une ancienne réponse d'oracle : « Il entra un sage et avec lui un fou : le sage examina avant de juger ; le fou jugea avant d'examiner. »

L'exemple de l'aimant suffit déjà à prouver que, dans certaines circonstances, la lévitation est possible ; reste à savoir si elle peut se présenter encore dans d'autres conditions. Du moment qu'une exception à la loi de gravitation est constatée, d'autres sont, sans doute, possibles. Il peut exister dans la nature d'autres forces capables de l'emporter sur la force d'attraction de la terre. Une première raison de ne pas opposer à cette hypothèse une fin de non recevoir, c'est que nous ne savons même pas en quoi consiste la gravitation. Nous en constatons les effets, mais son mode d'action physique nous échappe. Tous les physiciens savent que le processus de l'attraction est encore une énigme. La science aurait donc des raisons majeures pour examiner le phénomène de la lévitation ; il est évident en effet que la connaissance des conditions sous lesquelles la gravitation se trouve annulée ne peut qu'éclairer le phénomène même de la gravitation. Il est non moins évident d'après tout ce qui précède, que la lévitation ne peut être comprise qu'à la lumière de nos notions sur la gravitation ; c'est donc par l'étude de celle-ci que nous devons commencer.

Newton, le premier, a donné la démonstration rigoureuse de la gravitation déjà soupçonnée dans l'antiquité. Voici l'énoncé de la loi qu'il a établie: « Tous les corps s'attirent en raison directe de leur masse et en raison inverse du carré de leur distance. » Ce fut la première loi terrestre à laquelle on attribua une valeur universelle ; elle est vraie pour la pierre lancée par un gamin aussi bien que pour la comète qui arrive des profondeurs de l'espace. Tel est le fondement sur lequel a pu s'établir la science moderne de l'astro-physique ; science qui part de ce principe que toutes les lois terrestres, loi de la chaleur, de la lumière, de l'électricité, etc.,ont une valeur universelle. Newton savait bien qu'il n'avait découvert que la loi de la gravitation, mais non sa cause. Il a, lui-même, avoué ne pas connaître la nature de la gravitation. Il dit: « Je n'ai pu encore réussir à déduire des phénomènes observés la raison de cette gravitation ; je ne forge pas des hypothèses (*hypotheses non fingo*)(1). » Dans une lettre à Bentley, il dit : « La gravitation doit être occasionnée par quelqu'impulsion qui agit d'une façon continue et d'accord avec certaines lois, je laisse à mes lecteurs le soin de juger s'il s'agit d'une impulsion matérielle ou immatérielle. »

Le problème à résoudre ne se range donc pas sous la rubrique *Gravitation*, mais sous la rubrique *Gravitation et Lévitation*. Voici ce que dit Newton dans sa lettre à Bentley : « Il est inconcevable que la matière brute, inanimée puisse agir sur la matière, à distance, sans un intermédiaire matériel. » Pour expliquer cette action à distance, nous pouvons, d'après les règles de la logique, énoncer sous deux formes différentes la proposition de Newton et dire : ou bien « Il est concevable

1. Newton. *Principia*, III.

que la matière animée puisse agir à distance », ou bien « Il est concevable que la matière inanimée puisse agir à distance par intermédiaire. » La première formule renonce à une solution scientifique et suppose la matière animée, comme l'a fait d'abord Maupertuis et récemment Zœllner. La dernière formule reste dans le cadre des sciences naturelles et implique une conception qu'on trouve déjà chez Newton. Celui-ci supposait l'espace partout occupé par une matière, l'éther, véhicule des phénomènes tels que chaleur, lumière, gravitation, électricité, etc. Avant même la publication de son ouvrage, il écrivait à Boyle : « C'est dans l'Éther que je cherche la cause de la gravitation. » De même que la *loi* de la gravitation n'a pu être découverte que par la généralisation d'une loi terrestre, de même nous ne pouvons découvrir la *cause* de la gravitation qu'en donnant une valeur cosmique à une force terrestre agissant à distance. La science astronomique ne devient une possibilité humaine qu'en présupposant l'universalité des lois terrestres ; car celles-ci seules sont accessibles à une vérification expérimentale.

Il existe une force terrestre agissant à distance, qui nous paraît appropriée à l'explication de la gravitation : c'est l'électricité. Dans un mémoire sur « Les forces qui régissent la constitution intérieure du corps » publié en 1836 et reproduit par Zœllner (1), Mossoti a déjà fait ressortir que la gravitation peut être considérée comme une des conséquences qui régissent les lois de la force électrique. Faraday voulait déterminer expérimentalement les relations qui pouvaient exister entre la gravitation et l'électricité. Il partait de cette prémisse que, si ces relations existent, *la gravitation*

1 Zœllner. *Wissenschaftl. Abhandl.* 417-459.

devait renfermer quelque chose qui correspondrait à la nature duale et antithétique des forces électro-magnétiques. Il avait bien reconnu (1) qu'au cas où une semblable qualité existerait « il n'y aurait pas d'expressions assez fortes pour faire ressortir l'importance de ces relations. » En effet ce serait là un fait d'une importance tout à fait extraordinaire, car alors la pesanteur ou gravitation se présenterait à nous comme une *force modifiable sous certaines conditions*, et sa démonstration aurait pour la science une valeur plus grande que toute autre découverte. Les expériences de Faraday ne donnèrent pas, il est vrai, de résultat positif, mais ce physicien n'en conserva pas moins la ferme conviction que ce rapport existe. Il est fâcheux que Faraday n'ait pas cherché à découvrir ces relations là où elles existent réellement, c'est-à-dire dans les phénomènes de lévitation de l'occultisme.

En 1872, Tisserand a fait de son côté à l'Académie des sciences (2) une communication sur : « Le mouvement des planètes autour du soleil d'après la loi électro-dynamique de Weber. » Il a prouvé que les mouvements des planètes s'expliquent aussi bien par la loi de Weber que par celle de Newton, et que cette dernière n'est qu'un cas particulier de la précédente. Plus récemment Zœllner est revenu à cette idée : « La loi de Weber, dit-il, tend à se dévoiler à l'esprit humain comme une loi générale de la nature, régissant anssi bien les mouvements des astres que ceux des éléments matériels... Les mouvements des corps célestes s'expliquent, dans les limites de notre observation, aussi bien par la loi établie par Weber

1. Faraday. *Rech. expér. sur l'électricité.*
2. *Comptes rendus*, 30 sept. 1872.

pour l'électricité que par la loi de Newton. Mais, comme celle-ci n'est qu'un cas particulier de la loi de Weber..., il faudrait, conformément aux règles d'une induction rationnelle, substituer cette dernière loi à la loi de Newton pour l'étude des actions réciproques entre particules matérielles en repos ou en mouvement. » (1)

Si donc la pesanteur ou la gravitation est un phénomène électrique, *elle doit être modifiable et polarisable par les influences magnétiques et électriques*, C'est ce que prouve l'aimant quand il agit en sens inverse de la pesanteur. Celle-ci dépend de la densité et de la cohésion des molécules ; la cohésion elle-même ne serait que de l'électricité enchaînée.

L'hypothèse qui fait de l'attraction du soleil sur les planètes un phénomène électrique gagnerait en vraisemblance si l'attraction que Newton attribue à la lune et dont l'effet se traduit par les marées, pouvait être imitée électriquement ; or, si d'un liquide on approche un bâton d'ambre rendu électrique par le frottement, on voit se former à la surface de ce liquide une sorte de renflement en bourrelet. — Cette hypothèse gagnerait encore en vraisemblance si l'on pouvait mettre en évidence, dans notre système solaire, le fait de la répulsion électrique. C'est précisément le cas de la queue des comètes. Le noyau des comètes, en sa qualité de masse fluide parsemée de gouttelettes, est soumis à l'action de la gravitation et obéit à la loi de Kepler. La queue, c'est-à-dire les vapeurs formées aux dépens du noyau, se comporte d'une façon toute différente. Ces vapeurs ne sont pas attirées par le soleil, mais repoussées par lui selon le prolongement de la

1. Zoellner. *Natur der Kometen*, 70,127,128.

ligne droite qui relie le soleil au noyau et qu'on appelle le rayon vecteur. Tout liquide en voie de vaporisation s'électrise, comme on le sait ; nous sommes donc autorisés à supposer que les vapeurs développées aux dépens du noyau cométaire sous l'influence de la chaleur solaire sont également electrisées. Comme les électricités de même nom se repoussent, il y aurait lieu de penser que la queue des comètes subit sa répulsion tout simplement parce qu'elle est chargée d'une électricité de même nom que celle du soleil. Mais, lorsque les comètes se rapprochent du soleil vers l'époque du périhélie, le processus d'ébullition qui a débuté à la surface de la comète doit gagner de plus en plus en profondeur, et il peut arriver que de nouvelles substances chimiques y prennent part et que le signe de l'électricité dont les vapeurs sont chargées vienne à changer, c'est-à-dire que ces vapeurs acquièrent une électricité de nom contraire à celle du soleil (1). Dans ces conditions et en raison de l'universalité supposée des lois de la nature, il pourrait se former une queue de comète dirigée vers le soleil, c'est-à-dire attirée par lui comme le noyau lui-même. C'est par ce raisonnement que Zœllner expliquait l'apparence présentée par la comète de 1823 qui présentait deux queues, l'une dirigée vers le soleil, l'autre en sens opposé, et faisant ensemble un angle de 160° (2).

L'examen de ce phénomène cosmique nous permet de supposer que la gravitation est identique avec l'attrac-

---

1. Il ressort des expériences de M. Bennet (*La Lumière électrique*, n° du 16 janvier 1892, p. 104 et suiv.) que le simple contact de métaux ou autres substances ayant une affinité différente pour le fluide électrique peut changer le sens de l'électrisation.

2. Zœllner. *Wissensch. Abhandl.* II, 2, 638-640.

tion électrique, mais que par le changement de signe de l'électricité, la gravitation peut être changée en lévitation et réciproquement. Il en résulte pour la science la possibilité de modifier ou d'abolir la pesanteur dans des conditions soumises à des lois. Si la science réussissait à déterminer ces conditions et à en faire l'application technique aux mystères de la nature, la vie humaine s'en trouverait modifiée plus profondément que par toutes les découvertes faites jusqu'à ce jour. L'hypothèse de Faraday attribuant à la gravitation le caractère antithétique de l'électricité serait vérifiée ; nous pourrions l'appliquer, et, du même coup, les phénomènes de lévitation si nombreux dans l'occultisme perdraient leur caractère paradoxal....

V

La lévitation du corps humain n'est qu'un cas particulier du phénomène qui consiste à modifier l'attraction exercée par la terre sur les corps qui se trouvent à sa surface. On vient de voir que, suivant l'hypothèse du savant allemand, l'organisme humain serait susceptible de dégager une force capable d'agir en sens inverse de la pesanteur.

J'ai déjà eu l'occasion de citer, soit dans le présent article, soit dans l'étude que j'ai publiée en 1897, un certain nombre de faits confirmant cette hypothèse ; je vais en rappeler quelques autres.

Beaucoup de magnétiseurs affirment qu'on

peut rendre un objet lourd ou léger en le magnétisant (1).

Allan Kardec rapporte, dans le *Livre des Médiums*, qu'il a vu plusieurs fois des personnes faibles et délicates soulever avec deux doigts, sans effort et comme une plume, un homme fort et robuste avec le siège sur lequel il était assis, cette faculté étant du reste intermittente chez les sujets. Il y aurait là un phénomène du même ordre qu'on peut rapprocher de l'expérience suivante rapportée par le célèbre physicien David Brewster, membre de la Société royale de Londres, dans une de ses *Lettres à Walter Scott sur la Magie naturelle* :

« La personne la plus lourde de la société se

---

1. Nous affirmons, dit M. de Mirville (*Des Esprits*, éd. de 1858, p. 300), que nous-même, sur un simple signe que nous transmettions à un magnétiseur, son somnambule, porté sur nos propres épaules, devenait à notre volonté infiniment plus léger ou nous écrasait de tout son poids ; et nous vous affirmons encore que, sur un simple signe de nous à son magnétiseur, placé à l'autre extrémité de la chambre, ce somnambule, dont les yeux étaient hermétiquement bouchés, se laissait rapidement entraîner, ou bien, obéissant à notre nouvelle intention, demeurait tout à coup si bien cloué sur le parquet, que, courbé horizontalement et ne reposant plus que sur l'extrémité de la pointe des pieds, tous nos efforts (et nous étions quatre) ne le faisaient plus avancer d'une seule ligne : « Vous attelleriez dessus six chevaux, nous disait le magnétiseur, que vous ne le feriez pas bouger davantage. »

D'après les Bollandistes, Saint Vincent Ferrier prit un jour dans ses mains et plaça sur un char une pièce de bois que six hommes auraient eu de la peine à soulever. Une autre fois, il fit porter au couvent par un éclopé et sans fatigue une poutre qu'une paire de bœufs n'aurait pu traîner.

couche sur deux chaises de telle façon que le bas de ses cuisses repose sur l'une et les épaules sur l'autre. Quatre personnes, une à chaque pied et à chaque épaule, cherchent à la soulever et constatent d'abord que la chose est très difficile. Quand elles ont repris, toutes les cinq, leurs positions primitives, la personne couchée donne deux signaux en frappant deux fois les mains l'une contre l'autre ; au premier signal, elle et les quatre autres aspirent fortement ; dès que les poumons sont pleins d'air, elle donne le second signal pour l'élévation, qui se fait sans la moindre difficulté, comme si la personne soulevée était aussi légère qu'une plume.

« J'ai eu plusieurs fois l'occasion de remarquer que, lorsqu'une des personnes qui soulevaient n'aspirait pas en même temps que les autres, la partie du corps qu'elle s'efforçait de soulever restait au-dessous des autres.

« Bien des personnes ont joué successivement le rôle de porteur ou de porté ; elles ont toutes été convaincues que, par le procédé que je viens de décrire, ou bien le poids du fardeau était amoindri, ou bien la force des porteurs était augmentée.

« A Venise, la même expérience fut répétée dans des conditions encore plus étonnantes. L'homme le plus lourd de la société fut élevé et porté à l'extrémité de l'index de six personnes. Le major H... déclare que l'expérience manque quand la personne à élever est couchée sur une planche et que l'effort des autres s'exerce sur cette planche. Il considère comme essentiel que les porteurs se trouvent en contact immédiat avec le corps humain à élever. L'occasion m'a manqué pour vérifier ce fait par moi-même. »

Il y a une trentaine d'années, on parvint à constater, à l'aide d'appareils mécaniques, que certaines personnes pouvaient produire des variations dans le poids des corps par leurs propres émanations, et, au mois d'août 1855, le Dr Robert Hare, professeur émérite de chimie à l'Université de Pensylvanie, montrait au Congrès de l'Association américaine pour l'avancement des sciences comment il s'était servi d'une balance à ressort pour manifester une augmentation de 18 livres dans le poids d'un objet avec lequel son sujet ne communiquait qu'au travers de l'eau. La description et le dessin de cet appareil se trouvent dans l'ouvrage que le Dr Hare publia, l'année suivante, à New-York, sous le titre : *Experimental investigation*. Nous ne le reproduisons pas parce que nous allons le retrouver perfectionné par sir Crookes.

A plusieurs reprises cet illustre chimiste avait été vivement sollicité de soumettre au contrôle de sa science d'expérimentateur les phénomènes attribués à des personnes habitant alors Londres. En juillet 1870, il répondit à ces demandes par un article inséré dans le *Quaterly Journal of Science* (1), d'où j'extrais le passage

1. Vol. 7, p. 316. — Juillet 1870.

suivant, qui montre avec quelle défiance il abordait ce genre d'études.

« J'ai lu la relation d'une quantité innombrable d'observations, et il me semble qu'il y a bien peu d'exemples de réunions tenues avec l'intention expresse de placer les phénomènes, avec les conditions expérimentales, en présence de personnes dûment reconnues aptes, par la direction de leurs études, à peser et à apprécier la valeur des preuves qui pourraient se présenter (1). Les seules bonnes séries d'expériences probantes dont j'ai connaissance ont été tentées par le comte de Gasparin, qui, en admettant la réalité des phénomènes, arrivait à la conclusion qu'ils n'étaient pas dus à des causes surnaturelles.

« Le spiritualiste pseudo-savant fait profession de tout connaître : nul calcul ne trouble sa sérénité, nulle expérience n'est difficile, pas de lectures longues et laborieuses, pas de tentatives pénibles pour exprimer en langage clair ce qui a charmé le cœur et élevé l'esprit. Il parle avec volubilité de toutes les sciences et de tous les arts, submergeant son auditeur sous les termes *d'électro-biologie*, *psychologie*, *magnétisme animal*, etc., véritable abus de mots, qui montre plutôt l'ignorance que le savoir. Une pareille science banale n'est guère propre à guider les découvertes qui marchent vers un

1. Les expériences de la *Société dialectique* de Londres n'étaient point encore publiées.

avenir inconnu ; et les vrais ouvriers de la science doivent, au plus haut degré, prendre garde à ce que les rênes ne tombent pas en des mains incompétentes et incapables.

« Le vrai savant a un grand avantage dans les investigations qui déjouent si complètement l'observateur ordinaire. Il a suivi la science dès le commencement, à travers une longue suite d'études, et il sait par conséquent dans quelle direction elle le mène ; il sait que, d'un côté, il y a des dangers, de l'autre des incertitudes, et d'un troisième côté, la vérité presque absolue.

« Il voit une certaine étendue devant lui. Mais, quand chaque pas se dirige vers le merveilleux et l'inattendu, les précautions et le contrôle doivent s'accroître plutôt que diminuer. Les chercheurs doivent travailler, quoique leur travail soit petit en quantité, pourvu que son excellence intrinsèque fasse compensation. Mais, même dans ce royaume des merveilles, cette terre de prodiges vers laquelle la recherche scientifique envoie ses pionniers, y a-t-il quelque chose qui puisse être plus étonnant que la délicatesse des instruments auxiliaires que les travailleurs apportent avec eux, pour les aider dans les observations de leurs sens naturels ?

« Le spiritualiste parle de corps pesant 50 ou 100 livres, qui sont élevés en l'air sans l'intervention de force connue ; mais le savant chimiste est accoutumé à faire usage d'une balance sensible à un poids si petit qu'il en faudrait dix mille comme lui pour faire un grain. Il est donc fondé à demander que ce pouvoir qui se dit guidé par une intelligence, qui élève jusqu'au plafond un corps pesant, fasse mouvoir sous des conditions déterminées sa balance si délicatement équilibrée.

« Le spiritualiste parle de corps frappés qui se produisent dans les différentes parties d'une chambre, lorsque deux personnes ou plus sont tranquillement assises autour d'une table. L'expérimentateur scientifique a le droit de demander que ces coups se produisent sur la membrane tendue de son phonautographe.

« Le spiritualiste parle de chambres et de maisons secouées, même jusqu'à en être endommagées, par un pouvoir surhumain. L'homme de science demande simplement qu'un pendule placé sous une cloche de verre et reposant sur une solide maçonnerie soit mis en vibration.

« Le spiritualiste parle de lourds objets d'ameublement se mouvant d'une chambre à l'autre sans l'action de l'homme. Mais le savant a construit des instruments qui diviseraient un pouce en un million de parties, et il est fondé à douter de l'exactitude des observations effectuées, si la même force est impuissante à faire mouvoir d'un simple degré l'indicateur de son instrument.

« Le spiritualiste parle de fleurs mouillées de fraîche rosée, de fruits et même d'êtres vivants apportés à travers les croisées fermées, et même à travers de solides murailles en briques. L'investigateur scientifique demande naturellement qu'un poids additionnel, ne fût-il que la millième partie d'un grain, soit déposé dans un des plateaux de sa balance, quand la boîte est fermée à clef ; et le chimiste demande qu'on introduise la millième partie d'un grain d'arsenic à travers les parois d'un tube de verre dans lequel de l'eau pure est hermétiquement scellée.

« Le spiritualiste parle des manifestations d'une puissance équivalente à des millions de livres, et qui se produit sans cause connue. L'homme de science, qui croit fermement à la conservation de la force et qui pense qu'elle ne se produit jamais sans un épuisement correspondant de quelque chose pour le remplacer, demande que lesdites manifestations se produisent dans son laboratoire, où il pourra les peser, les mesurer, et les soumettre à ses propres essais.

« C'est pour ces raisons et avec ces sentiments que je commence l'enquête dont l'idée m'a été suggérée par des hommes éminents qui exercent une grande influence sur le mouvement intellectuel du pays. »

Avant de chercher à construire des instruments spéciaux, M. Crookes voulut se mettre en rapport avec un certain nombre de *sujets* et s'assurer, par les procédés usuels, de la nature et de la réalité des phénomènes qu'il avait à étudier.

« Je vis, dit-il (1), en cinq occasions différentes, des objets dont le poids variait de 25 à 100 livres, être momentanément influencés de telle manière que moi et d'autres personnes présentes, nous ne pouvions qu'avec difficulté les enlever au-dessus du plancher. Désirant établir d'une manière certaine si cela était dû à un fait physique ou si c'était simplement l'influence de l'imagination qui faisait varier la puissance de notre propre force, je mis à l'épreuve les phénomènes avec une machine à peser, dans deux circonstances différentes où j'eus l'occasion de me rencontrer avec M. Home chez un ami. Dans le premier cas, l'accroissement de poids fut généralement de 8 livres pour des poids de 36 livres, 48 livres et 46 livres ; expériences qui furent faites successivement et sous le plus rigoureux contrôle. Dans le second cas, qui eut lieu quinze jours plus tard en présence d'autres observateurs, je trouvai que, dans trois expériences successives dont les conditions furent variées, l'augmentation de poids fut de 8 livres pour des poids de 23 livres, 43 livres et 27 livres. Comme j'avais l'entière direction des essais sus-mentionnés, que j'employai un instrument d'une grande exactitude et que je pris tous les soins voulus pour calculer la possibilité de résultats obtenus par fraude, je n'étais pas sans m'attendre à un résultat satisfaisant, lorsque le fait fut convenablement

---

1. *Recherches sur les phénomènes du spiritualisme*, p. 37.

expérimenté dans mon propre laboratoire. »

Pendant les deux ans que le savant anglais a consacrés à ces recherches, il a trouvé neuf ou dix personnes possédant ce qu'il appelle le *pouvoir psychique* à un degré plus ou moins grand, mais cette faculté était si puissante chez M. Home et chez Mme X., que c'est avec ces deux personnes qu'il a, par raison de commodité, exécuté les trois séries d'expériences que je vais analyser et qui, nous le rappelons, ont toutes eu lieu dans le laboratoire de M. Crookes.

PREMIÈRE DISPOSITION

L'appareil destiné à expérimenter l'altération de poids d'un corps consistait (fig. 25) en une

Fig. 25.

planche d'acajou de 0m,90 de long sur 0m,24 de large et deux centimètres et demi d'épaisseur.

A chaque bout, une bande d'acajou large de 4 centimètres était vissée et formait pied. L'un des bouts de la planche reposait sur une table solide, tandis que l'autre était supporté par une balance à ressort ou *peson* suspendu à un fort trépied ; le peson était muni d'un index enregistreur automoteur de manière à indiquer le maximun de poids marqué par l'aiguille (fig. 26). L'appareil était ajusté de telle sorte que, la planche d'acajou étant horizontale et son pied reposant à plat sur le support, l'index de la balance indiquait trois livres anglaises comme fraction du poids supporté.

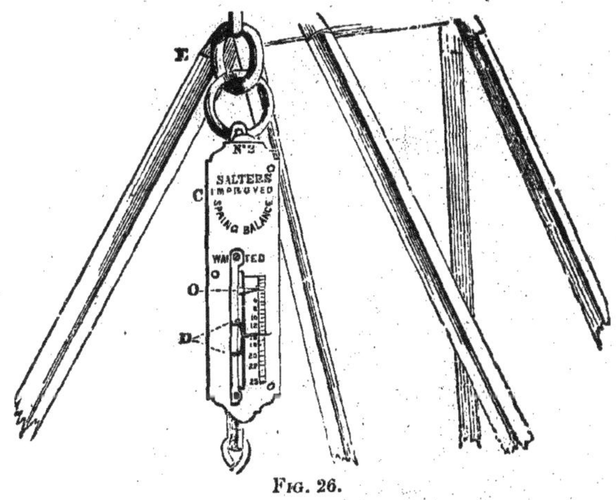

Fig. 26.

En présence de M. Crookes, de son frère, de son aide de chimie, du Dr William Huggins, membre de la Société royale de Londres, et de M. Sergeant Cox, docteur en droit, le sujet assis sur une chaise posa légèrement la pointe de ses doigts, sur l'extrême bout de la planche d'acajou, dans une position qui fut constatée par des traits au crayon; presque aussitôt les observateurs virent descendre l'aiguille de la balance, qui remonta au bout de quelques secondes. Ce mouvement se répéta plusieurs fois, comme sous

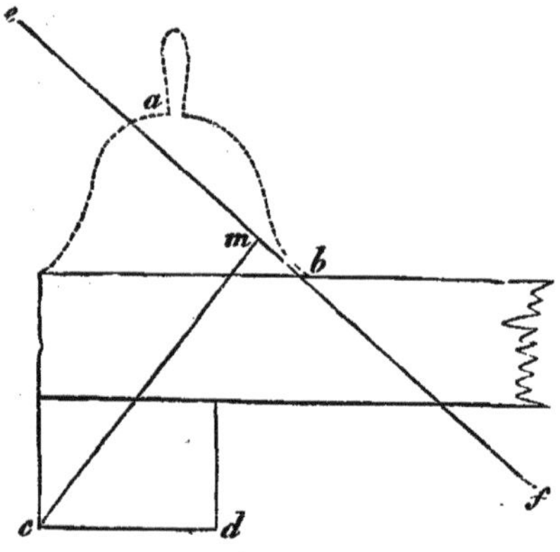

Fig. 27.

des émissions successives de la force psychique, et l'on percevait distinctement le mouvement d'oscillation de l'autre extrémité de la planche. Le sujet prit alors deux objets qui se trouvaient à sa portée, une petite sonnette et une boîte d'allumettes ordinaire, en carton qu'il plaça sous ses doigts (fig. 27), pour montrer qu'il n'exerçait aucune pression: on ne tarda pas à voir le mouvement, se reproduire avec plus d'intensité encore, et l'enregistreur automatique montra que l'index était descendu jusqu'à neuf livres ; c'est-à-dire qu'il avait indiqué une augmentation de six livres dans la fraction du poids supporté par le peson.

Afin de voir s'il était possible de produire un effet notable sur cet instrument en exerçant une pression à l'endroit où le sujet avais mis ses doigts, M. Crookes monta sur la table et se tint sur un pied à l'extrémité de la planche ; le

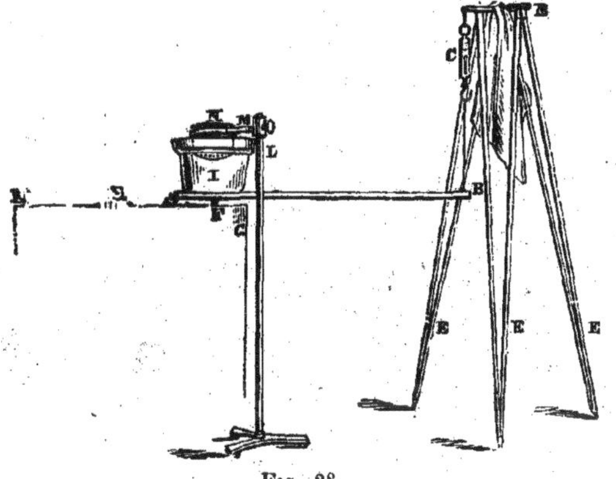

FIG. 28.

Dr Huggins, qui observait l'index de la balance, constata que le poids entier du corps (140 livres) ne faisait fléchir l'index que d'une livre et demie, ou de deux livres quand M. Crookes donnait une secousse. Cette flexion tenait évidemment à ce que, le pied ayant plus de quatre centimètres de largeur, une partie du poids du corps agissait en avant de l'arête antérieure de la bande d'acajou, autour de laquelle il faisait tourner la planche ; tandis que, le sujet plaçant ses doigts en arrière de cette même arête, une pression quelconque de sa part ne pouvait produire aucun effet, et même eût eu pour résultat d'entraver l'abaissement de l'autre extrémité. En admettant même que trompant la surveillance

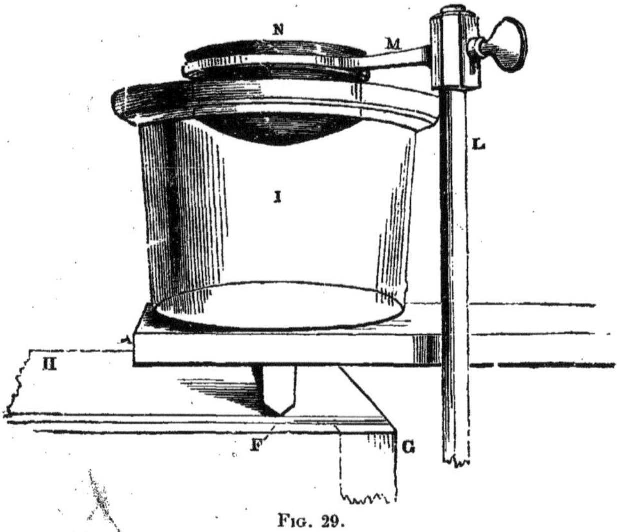

Fig. 29.

des yeux qui l'observaient, le sujet eût pu porter un instant ses doigts en avant de l'arête de la bande, il est facile de se convaincre, par un simple calcul de proportion (fig. 27), que, pour faire descendre l'index jusqu'à neuf livres, il aurait dû produire du côté de *b* un effort supérieur à son poids tout entier, ce qui est inadmissible pour un homme assis.

DEUXIÈME DISPOSITION

Crookes voulut toutefois écarter jusqu'à l'idée de cette objection par le dispositif suivant.

Il prit une planche d'acajou A B semblable à celle de l'appareil précédent, mais sans les deux bandes formant pieds : près de l'extrémité A il en fixa une autre F, taillée de manière à faire l'office du couteau d'une balance, reposant sur un solide bâti H G (fig. 28).

L'extrémité B fut encore suspendue à un peson, mais l'index mobile de cet instrument se terminait par une fine pointe faisant saillie et pouvant marquer sa trace sur une plaque de verre enfumée disposée de manière à se déplacer horizontalement devant lui sous l'action d'un mouvement d'horlogerie.

Si le peson est au repos et que le mouvement d'horlogerie vienne à marcher, il en résultera sur la plaque une trace blanche horizontale parfaitement droite. Si le mouvement est arrêté et qu'on place des poids sur l'extrémité de la planche, il en résultera une ligne verticale dont la longueur dépendra du poids appliqué. Si, pendant que le mouvement d'horlogerie entraîne la plaque, le poids de la planche et par suite la tension de la balance viennent à varier, il en résultera une ligne courbe d'après laquelle on pourra calculer la tension en grammes à

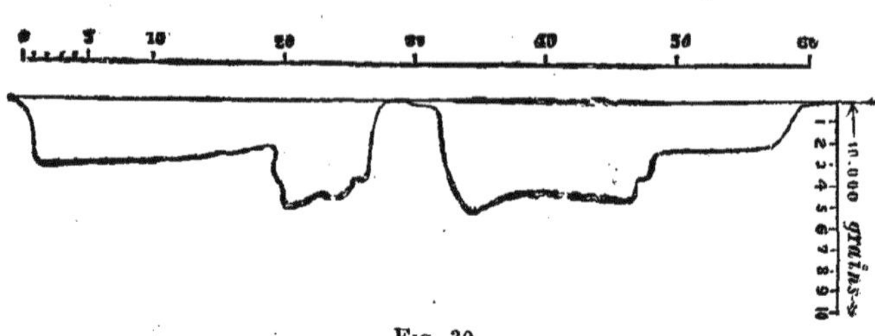

Fig. 30.

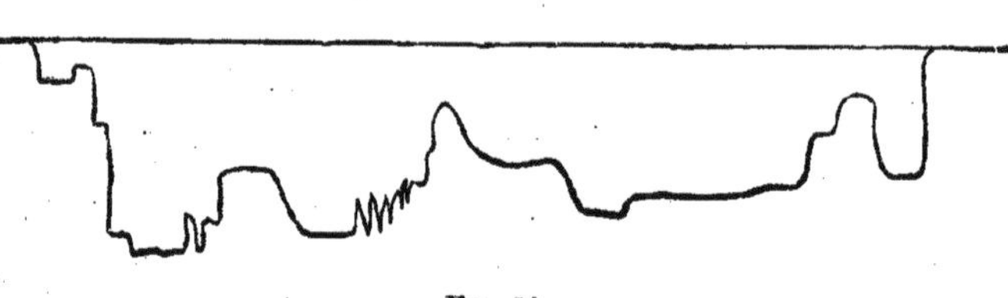

Fig. 31.

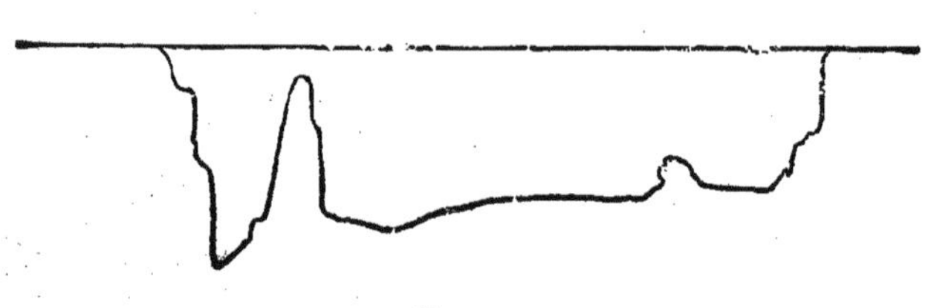

Fig. 32.

n'importe quel moment de la durée des expériences.

A l'extrémité A on plaça (fig. 29) un large vase de verre plein d'eau I, de telle manière que son centre de gravité fût précisément dans le plan vertical passant par l'arête du couteau F. Dans ce vase on introduisit un vase de cuivre N hémisphérique percé de plusieurs trous à sa partie inférieure et relié par un bras rigide M à un support immobile L, de telle manière qu'il y avait un intervalle d'au moins cinq centimètres entre lui et le vase de verre.

Ces dispositions avaient pour but d'empêcher que l'immersion de la main du sujet dans l'eau du vase de cuivre pût produire un effet sensible sur le peson, soit par suite de la force de réaction développée par l'effort même de l'immersion, soit par un choc quelconque imprimé aux parois du vase de verre. En effet la main entière de l'un des témoins, plongée dans le vase de cuivre, ne provoqua aucun mouvement de l'aiguille du peson.

L'appareil étant ainsi disposé, Home fut introduit dans la chambre et prié de mettre ses doigts dans l'eau du vase N, ce qu'il fit pendant qu'on lui tenait son autre main et les pieds ; lorsqu'il dit qu'il sentait une influence s'échapper de sa main, M. Crookes fit marcher le mouvement d'horlogerie et presque aussitôt on vit osciller l'extrémité de la planche et l'index du peson tracer sur la plaque de verre la courbe que nous reproduisons dans la figure 30.

TROISIÈME DISPOSITION

Le contact par l'eau ayant été démontré aussi efficace que le contact direct, M. Crookes voulut éprouver si la force en question pourrait impressionner le poids, soit en touchant simplement un objet fixe en contact avec l'appareil, soit encore en se tenant simplement à côté.

On conserva donc l'appareil précédent, en supprimant les vases comme inutiles ; M. Home plaça ses mains sur le support fixe à une dizaine de centimètres de l'appareil, un témoin mit ses mains sur les mains de M. Home et son pied sur ses pieds ; puis on opéra comme précédemment et on obtint sur la plaque la courbe de la figure 31.

Un jour M. Home se déclarant mieux disposé que d'habitude, se plaça à un mètre de l'appareil ; on lui tint solidement les pieds et les mains et on obtint la courbe de la figure 32.

Les courbes des figures 30, 31 et 32 sont en vraie grandeur ; l'échelle verticale qui les accompagne représente la tension en grains (1) et l'échelle horizontale le temps en secondes.

On voit que les tensions maxima ont été, respectivement dans chaque expérience, de 5500 grains (33 grammes), 9000 grains (58 grammes) et 10000 grains (64 grammes).

1. Chaque division correspond à 1000 grains, c'est-à-dire à 6 grammes 4 décigrammes.

QUATRIÈME DISPOSITION

M. Crookes, convaincu que la force psychique existe plus ou moins développée chez tous les sujets, imagina un appareil beaucoup plus sensible pour en constater les manifestations. Nous en donnons ci-contre le plan et l'élévation.

Un morceau de parchemin mince A (fig. 33) est fortement tendu sur un cercle de bois, de manière à former une sorte de tambour de basque. B C est un léger levier parfaitement équilibré pivotant en D autour d'un axe horizontal. A l'extrémité B se trouve une pointe d'aiguille verticale touchant la membrane A ; au point C une autre pointe d'aiguille, faisant saillie horizontalement et touchant une lame de verre noircie à la fumée ; cette lame verticale peut être entraînée parallèlement au plan vertical dans lequel se meut le levier, par un mouvement d'horlogerie K ; des trous sont percés dans la paroi du cercle, pour permettre à l'air de circuler librement au-dessous de la membrane. Des expériences préalables exécutées par plusieurs personnes permirent de constater que des chocs sur le support fixe ne communiquaient aucun mouvement au levier, et que la ligne tracée par l'index restait parfaitement droite quand bien même on cherchait à secouer le support et qu'on frappait du pied sur le plancher.

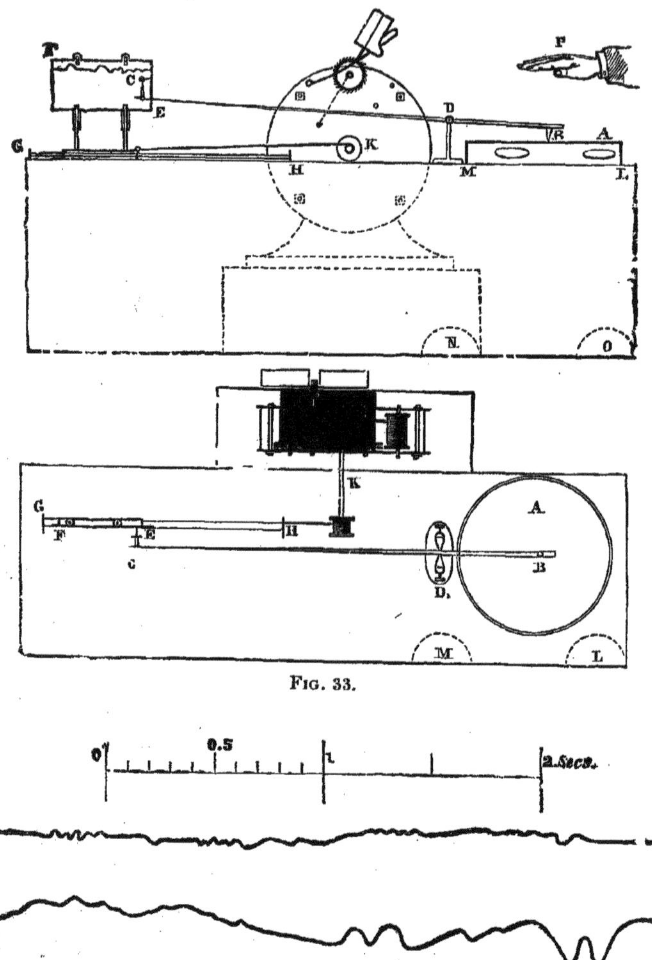

Fig. 33.

Fig. 34.

Mme X.., fut introduite dans le laboratoire. Sans qu'on lui eût expliqué le but de l'instrument, on la pria de placer ses mains sur le support fixe, successivement en divers points plus ou moins éloignés de l'appareil ; à chaque fois, bien que M. Crookes tînt ses mains sur les siennes, pour s'assurer s'il n'y avait aucun mouvement conscient ou inconscient de sa part, on vit le levier osciller et la pointe tracer les diverses courbes reproduites dans la figure 34, à une échelle un peu plus grande que nature, pour permettre de bien distinguer les petites oscillations ; en même temps, on entendait venir du parchemin des bruits semblables à ceux qu'auraient produits des grains de sable projetés à sa surface ; quelquefois les sons se succédaient aussi rapidement que ceux d'une machine d'induction tandis que, d'autres fois, il y avait plus d'une seconde d'intervalle.

Un fragment de graphite placé sur le parchemin était projeté, à chaque coup, à la hauteur d'un demi-millimètre environ.

Quelques jours après, Home essaya à son tour l'appareil ; il étendit la main droite au-dessus et à 20 centimètres environ de la membrane ; Crookes lui tenait fortement le bras droit et un autre témoin le bras gauche. Après être demeuré dans cette position une minute, M. Home dit qu'il sentait le fluide passer ; on fit alors marcher le mouvement d'horlogerie et l'on vit l'index osciller ; les mouvements étaient beaucoup plus lents que dans le cas précédent et n'étaient point du tout accompagnés des coups vibrants dont il a été fait mention, mais les oscillations présentaient une amplitude beaucoup plus considérable.

Sir Crookes fait observer que les phénomènes de cette nature sont généralement précédés par un refroidissement de l'air tout particulier:

« Sous son influence, dit-il, j'ai vu des feuilles de papier s'enlever et le thermomètre baisser de plusieurs degrés. Dans d'autres occasions, je n'ai remarqué aucun mouvement réel de l'air, mais le froid a été si intense que je ne puis le comparer qu'à celui qu'on ressent lorsqu'on tend la main à quelques pouces du mercure gelé (1)... »

« Après avoir été témoin de l'état pénible de prostration nerveuse dans lequel quelques-unes de ces expériences ont laissé M. Home, après l'avoir vu dans un état de défaillance presque complète, étendu sur le plancher, pâle et sans voix, je puis à peine douter que l'émission de la force psychique ne soit accompagnée d'un épuisement correspondant de la force vitale (2). »

Il semble qu'une enquête aussi précise ne doive rien laisser à désirer ; cependant un certain nombre de lecteurs demanderont peut-

---

1. *Rech. sur le spirit.*, p. 144.
2. *L. c.*, p. 67.

être pourquoi d'autres savants n'ont point fait d'expériences analogues et avec d'autres sujets.

Je répondrai d'abord que, outre celles du Dr Hare et du Dr Dusart que j'ai signalées plus haut, il y a eu encore celles de M. Boutlerow, professeur de chimie à l'Université de Saint-Pétersbourg, pendant l'hiver de 1871 (1). La tension normale du dynamomètre étant de 100 livres, elle fut portée jusqu'à 150 livres, les mains de M. Home étant mises en contact avec l'appareil d'une manière telle que tout effort de sa part aurait diminué la tension au lieu de l'accroître.

Je ferai observer ensuite que les facultés dont nous nous occupons sont tout à fait anormales, que rien n'est plus variable, plus mobile que leurs effets, et qu'il est difficile, non seulement de trouver des sujets, mais encore de saisir l'occasion d'expérimenter sur eux avec des appareils préparés à l'avance et dans certaines conditions qui, ici comme pour l'électricité, sont nécessaires pour la production bien nette des phénomènes.

VI

La plupart des faits que nous avons cités peuvent certainement s'expliquer par des considé-

1. Crookes. *Recherches sur le spiritualisme*, p. 39.

rations analogues à celles qu'a développées Karl du Prel ; mais il me paraît non moins certain que quelques autres paraissent dues à des forces tout à fait différentes de celles que nous sommes habitués à considérer en physique et je terminerai cette étude déjà longue quoiqu'encore bien incomplète (1) en rappelant un cas de lévitation qui laisse fort loin derrière lui tous les autres ; ce sont les périgrinations de la Santa-Casa de N.-D. de Lorette (2).

Je prie le lecteur de ne me considérer, ici comme pour quelques autres de mes citations, que comme un simple compilateur, un rapporteur qui expose les diverses pièces d'un procès en laissant à chacun le soin de juger du degré de confiance qu'elles méritent.

Je me contenterai donc d'extraire les détails essentiels du phénomène d'une longue dissertation que lui a consacrée l'abbé Lecanu dans le *Dictionnaire des prophéties et des miracles* faisant partie de l'*Encyclopédie théologique* de l'abbé Migne.

« Le 10 mai 1291, sur le sommet aplati d'une colline entre les villes de Fiume et de Tersatz, mais plus près de cette dernière, dans un lieu

1. Chaque jour mes lectures m'apportent de nouveaux cas, soit anciens, soit contemporains.

2. Cette célèbre chapelle a, dans œuvres, 9 m. 60 de long, 4 m. 18 de large et 4 m. 30 de haut ; les murs sont en maçonnerie de moëllons faits d'une pierre sablonneuse tendre et couleur de brique.

appelé Rauniza, les habitants aperçurent un édifice qu'ils n'avaient pas vu auparavant.

« On accourt, on examine ; le bâtiment est construit de pierres de petit appareil, taillées et cimentées, *posé sans fondations sur la terre*, surmonté d'un clocher. On pénètre dans l'intérieur ; l'édifice forme un carré oblong, le plafond est peint couleur d'azur, divisé en compartiments, semé de petites étoiles dorées. Une frise règne autour, représentant des vases de formes diverses inclus dans des cerceaux. Les murs sont recouverts d'un enduit, sur lequel on a représenté au pinceau divers mystères de la religion. Une porte latérale a donné l'entrée, une fenêtre s'ouvre à main droite ; en face est l'autel dominé par une croix grecque avec le crucifix peint sur toile et collé, et la légende *Jésus de Nazareth, roi des juifs...* »

« La Sainte Vierge apparut à ce moment en songe au vénérable Alexandre, curé de Tersatz, et lui dit : « Sache que la demeure sacrée récemment apportée dans votre pays, est la maison même où j'ai pris naissance et où j'ai passé presque toute ma jeunesse... les Apôtres la consacrèrent... Après avoir été environnée des plus grands honneurs dans la Galilée pendant de longs siècles, elle a émigré de la ville de Nazareth vers vos rivages parce qu'elle s'est trouvée mise en oubli par la perte de la foi.

« Alexandre ayant raconté ce songe au gouverneur du pays, on envoya à Nazareth des commissaires pour vérifier le fait ; ces commissaires constatèrent, par le témoignage des habitants et par leurs propres yeux, la disparition de la sainte demeure, prirent les mesures exactes des *fondations qui étaient demeurées au niveau du sol* et s'assurèrent que le temps de l'enlèvement coïncidait avec celui de l'apparition en Dalmatie...

« Le bonheur des habitants de Tersatz ne fut pas de longue durée. Au bout de trois ans et sept mois la sainte maison disparut. L'émotion fut grande dans tout le pays. Le pieux gouverneur, pour consoler ses ministres de la perte qu'ils venaient de faire, éleva à ses frais une autre maison pareille à la première ; ces successeurs l'enfermèrent dans une église magnifique...

« La sainte maison avait été transportée de l'autre côté du golfe Adriatique, au milieu d'un bois, à mille pas du rivage, près de Recanati dans la marche d'Ancone. Des bergers l'aperçurent les premiers pendant la nuit, environnée d'une céleste splendeur, qui attira leurs regards. L'un d'eux prétendit même l'avoir vue traversant les airs et se posant après sur la terre. »

Les bois environnants étaient peuplés de bandits qui, plus d'une fois, assassinèrent les pèlerins qui s'étaient hâtés d'accourir. Aussi le séjour de la sainte maison fut-il très court dans cette station ; au bout de huit mois, elle la quitta pour se rendre à deux milles de là sur une petite éminence où elle ne se trouva point encore à son gré, car, quatre mois après, elle descendit du sommet de la colline et s'établit, à la distance d'un jet de pierre, au milieu de la voie publique, au point où elle se trouve encore aujourd'hui.

« Le Souverain Pontife, Boniface VIII, ordonna à l'évêque de Recanati de prendre les mesures nécessaires pour arriver à la constatation authentique de faits si extraordinaires. Une députation, composée de seize personnes, partit donc de Recanati pour Tersatz. Les députés prirent les dimensions de la chapelle que les habitants venaient d'élever en place de la sainte maison ; ils trouvèrent qu'elles se rapportaient exactement à celles qu'ils avaient levées avant leur départ ; ils se dirigèrent de là vers la Palestine, constatèrent l'existence des fondations au lieu indiqué, en prirent les dimensions, consultèrent les traditions et se convainquirent que tout était conforme à ce qui leur avait été annoncé d'abord. Leur retour à Recanati leva les derniers doutes.

BIBLIOTHÈQUE NATIONALE R.F. IMPRIMÉS

Mayenne, Imprimerie Ch. COLIN.

www.ingramcontent.com/pod-product-compliance
Ingram Content Group UK Ltd.
Pitfield, Milton Keynes, MK11 3LW, UK
UKHW021054230726
13926UKWH00004B/1839

9 782016 163221